U0318517

中國園林博物館學刊

Journal of the Museum of
Chinese Gardens and
Landscape Architecture

中国园林博物馆　主编

中国建筑工业出版社

02

2016/2

目 录

藏品研究

展览陈列

科普教育

综合资讯

中国园林的继承和发展

——孟兆祯院士专访

孟兆祯: 中国工程院院士,北京林业大学教授、博士生导师,住房和城乡建设部风景园林专家委员会副主任,北京市人民政府园林绿化顾问组组长,中国风景园林学会名誉理事长,风景园林终身成就奖获得者。

采访人: 孟先生,中国园林的历史非常悠久,首先请您谈谈对园林这个学科的认识和看法。

孟兆祯: 园林在我们国家西周的时候,就已经具备很完善的灵囿,意象相印,台沼俯仰。“园林”一词,根据李嘉乐先生的考证,是在西晋时候出现的,所以园林对于我们来讲是一个老行业。但是作为学科来讲,在新中国成立以前,我们国家没有园林专门学科。一直到新中国成立以后,考虑到我国家社会主义城市建设的需要,1951年吴良镛院士和汪菊渊院士联名给教育部写信,建议成立造园专业。园林学科的创立奠定了中国园林艺术体系的基础。风景园林作为一级学科,成为人居环境学科下,城市规划学、建筑学和风景园林学科组成的学科群中的一员,承担中国城乡建设的伟任,以独特、优秀的中华民族园林艺术传统自立于世界民族之林。

采访人: 您认为城市建设中风景园林的根本任务是什么?

孟兆祯: 为了科学地利用土地,人类采取了一个聚居的形式,城市就是人类聚居、借以生存的生活环境。这个生存包括它的生产、生活。由于生产的需要,要进行工业化建设。而工业化会带来一些环境污染,所以我们就要顺其自然创造人工生态环境系统,就是人工再造自然。我们古代“艺术”的“艺”字,是个象形字,就是一个人举着一个树苗,跪在地上种树,这就是“艺”。这说明人类不满足于自然的恩赐,还要人工再造自然,来满足自己的需要。所以城市风景园林建设的根本任务就是要为人类提供一个健康长寿的生活环境,这是人们长远的、根本的利益。这个环境,不仅是

一种物质环境,也是一种精神环境,有对人类文化的熏陶和影响。我们要在中华民族“天人合一”的宇宙观指导下,尊敬自然、顺从自然、保护自然,在保护自然的基础上寻觅“景物因人成胜概”的中国特色道路,追求人与天调、天人共荣的境界。

采访人: 您认为园林绿化与城市建设有着怎样的关系?中国园林的特色主要体现在哪?

孟兆祯: 没有生产人进步不了,但生产是手段而不是目的,同时人需要优良的生活环境,或者叫作生态环境。因为没有好的生态环境,一个人他不能存活,所以这两个矛盾必须是综合地解决,不能够去偏于一面、强调一面,故而将来城市绿地率的增加也是一个认识过程。国家的园林城市建设,绿地率要求是30%,就是城市总用地面积的30%应该是绿地。这不是最高的要求。现在世界上已经有少数的城市达到了50%的绿地率,说明随着社会的进步,城市绿化的发展跟生产是同步协调前进的。比如钱学森先生,他是一个航天物理方面的空气动力专家,但是他对城市建设也很关心。他在1985年就提出了建设“山水城市”的理念。他指的“山水城市”有两个特点:第一个特点是绿地要占一半;第二个特点他认为中国的园林不同于世界其他园林,特别是不同于西方的园林。园林不是建筑的附属品,它是一个独立的创作。特别是中国园林受山水诗画的影响,是利用诗画来营造空间,景区或景点都有景名,像西湖的平湖秋月、柳浪闻莺等等,它本身就是一个美的境界,是诗意栖居的人居环境,也是人与自然的统一。在这个前提下,都有诗意,像“西湖

十景"、"燕京八景",这些景都是凝诗入画的。所以说中国的风景园林是从诗画中来的,它有诗画的内涵,这样就是既有外在的表现,又有内在意境的蕴含,这是我们中华民族文化的一个主要特征。其他特征还有综合性、科学艺术性、以借景为中心、包容性和同化性,以及与时俱进、生生不息的持续发展性,这些特性使得具有中华民族特色和地方风格的风景园林自立于世界园林之林。景面文心的特色源于中国人对风景园林"目寄心期"的要求,景以目寄,文作心期。

采访人:中国园林要走向国际化,与世界接轨,您觉得需要注意哪些问题?

孟兆祯:所谓国际化,实际上是和国际接轨。因为国际就是由各国组成的、由很多民族组成的,所以我们自己既要介入国际,也要保持发扬中华民族的传统。可以吸取外来的东西,但是要"中学为体,西学为用"。因为这种西方文化,它从发源的历史就与中国文化不相同。比如西方的文化起源,它是来源于三条河流——尼罗河、幼发拉底河、底格里斯河,它们整个都是讲究对称、中轴线、几何形体,所以上升到哲学上来,就是说它们认为一切美的,都符合数学规律,这是西方的。中国就是什么都讲究要有"意"。一个人,他既有外在的,也有内在的,所以从绘画来讲,就讲"外师造化,中得心源",这就是一个"天人合一"的宇宙观在绘画上的体现。研究园林也需要"外师造化,中得心源",而目前我们中国总的一条就叫"道法自然"。这个"道"就是真理。如何追求真理,就是学自然。所以园林要去学自然,学山水,"山水以形媚道"(宗炳《山水画序》)。但是仅学自然还不够,还要把自然人化。虽然中国人有"意",外国人也有"意",但是对待这个"意"的看法是不一样的。中国有一个观点叫作"中庸",中庸就是既不偏左,也不偏右。而外国人是走两端,两个极端:一个就是科学,画出来的是真相,跟真的一样;一个就叫作印象派,印象派就完全是另外一种,比如一个人他可以画成两个鼻子,眼睛大小不一样,凸出来,各种怪象,这也是一种"意"。但是它这种"意"跟那个真实区别很大,所以我们说的中庸跟他们走的两个极端是不一样的。那么,我们对山水也是一样。我们认为仁者为山,认为"智者乐,仁者寿"。智就是智慧的"智",就是"智水"的人是最聪明的。

采访人:您认为在园林设计中如何更好地体现出中国的园林美学?

孟兆祯:自然不会表达,不会说话,但是我们中国的特色,就是借助意境来表达设计者的思想,通过意境与人交流,其中包括题额、对联、摩崖石刻等等。最浅显的,比如登泰山,在上泰山以前有个石碑,是孔子写的,四个大字就叫"登高必自"。意思是登泰山必须一步步走上去,不能坐轿子,也不能坐缆车。这跟在科学上攀登高峰是一样的。所以孔子所立的石碑对我们很有教育意义。比如苏州有个"退思园","退思园"就是退而思过。这个园子的主人因为犯错被罢官,所以建造的园子叫作"退思园"。而且退思园中有个"九曲廊",就是表现他生活的坎坷。"九曲廊"每个廊子上都刻着九个字,叫"清风明月不须一钱买"。这些都是用景来反映园主的志向和心情。所以这个设计者,他一方面有自己的特色和风格,但是也要在服从园主人需要的前提下来共同融化、交流。邯郸的"赵苑公园"是用一块有名胜古迹的用地来建造的现代公园。所以就要兼顾两方面,既要兼顾这个古迹,要保护古迹,不能破坏。又要考虑建设一个现代的公园,为现代的社会生活服务。赵苑中有一个景点叫"妆台梳云",包含梳妆楼、梳云亭、照眉池等建筑,是赵武灵王的妻子及宫人们梳妆打扮、休息宴乐的地方。此景点是园内的主景,也是公园的中心,可以作为表演节目的场地。这样既保留了古迹,又和现代的生活相结合,就叫作承前启后,与时俱进。美学家李泽厚先生从美学概括中国园林:"中国园林是人的自然化和自然的人化",亦即寓社会美入自然美,创造中国园林艺术美。

采访人:最后请您谈谈建设中国园林博物馆的意义,您对中国园林博物馆今后的发展还有哪些期望?

孟兆祯:我觉得建设这个博物馆,它的意义是很深刻的。我主要有两点想法:一个是感到很惊奇,很必要;第二个也感到很困难。为什么说困难呢?这个馆呢叫作"馆如园林",因为它是园林的博物馆。那这个园林的话,它不仅是一个室内的,它也是个室外的。那么从我们建一个博物馆来讲,首先是选地。我们知道现在城市用地很紧张,何况北京。那么我们选了一块,就是在西郊。这个地呢,可以说是"依山傍水",西边是太行山,东边是永定河,遵循我们中国,我们叫心造业,这么一个规律,就是"景以境出"。头一个是风景的"景",第二个是环境的"境"。那么首先造境。因为它在太行山东麓,永定河的西岸,所以根据这个大的环境,就是人造环境,把太行山的山麓适当地延长,把本来没有水的地方开出水来,就是做成一种山环水抱的形势,让这个博物馆处在自然山水的环境当中。那么从建筑内部来讲,因为它是个博物馆,要展览室内的园子,所以它辟出一定的场所,而这些场所,都要适当地露天,这样我们就可以把我们理想的园林搬在里面进行建设。但是总的来讲,中国园林博物馆把室内室外都考虑,园林的特色使这个博物馆的建筑内外都融合在风景园林的山水之中。对内部的展品,那么就说可以提供一个橱窗,对各地园林的典型作品进行展览,就可以在一个博物馆里面,能够遍览我们中国主要的园林地方风格类型,所以它是一个很好的展示的橱窗,以活生生的园林山水景物尽可能体现"博物洽闻"的功能。

通过参观博物馆会得到一种教育,这种教育不仅仅是爱国教育,同时也是风景园林知识的一个教育。这对于人为什么需要风景园林,中国风景园林是从什么时候开始的,开始是什么个状态，怎么样发展，后来总结出来中国园林的艺术手法有哪些，他对这些可以逐渐地得到了解，所以中国园林博物馆在科普上，也是起了一个很大的作用。中国风景园林是一个世界级的文化体系，中国园林博物馆是这个文化体系之一，代表这个体系，它将风景园林建设上的理论、实践的总结，用博物馆的展品把它反映出来，我觉得这是对世界风景园林的一个贡献，是一个应有的贡献。

我是只能赋予一个希望，这个希望呢，就是一个世代接力，世世代代与跑接力棒一样，一代接一代，不断去发展。比如我们西湖，杭州西湖，它从唐宋就开始。宋代人治水，堆个岛，明代又堆了个岛，清代也堆了个岛。苏堤是宋代的，白堤是唐代的，唐宋元明清，几个朝代写的一篇文章，画的一张图，这个应该对我们很有启发，就是通过世代接力去积累，奔着一个方向，一个很光明的，很优美的，一个很宜于人居的，这么一个方向发展，为人民造福。我们要集世代相传、与时俱进的创造力，去实现"世界人民命运共同体的百花园"的理想，在两个一百周年纪念的节点上圆满地实现中国梦。

品读中国园林文化
——园林文化专家曹林娣专访

曹林娣：笔名林棣。1944年8月生，江苏无锡人，1969年毕业于北京大学中文系古典文献专业，1978年在西北大学中文系攻读硕士学位。1982年到江苏师范学院（今苏州大学）任教。苏州大学文学院教授、苏州大学艺术学院设计艺术学专业中国园林文化方向博士生导师，兼苏州园林局顾问、苏州园林学会和苏州古建学会理事、《中国园林》编委等。主要从事中国古代文学和中国园林文化的教学和研究工作。

采访人：您对园林这么感兴趣，而且对园林文化有这么深入的研究，是不是有什么机缘巧合？

曹：机缘是古代文学，我虽然偶然从文学之门走进了园林之门，但也有它的必然性。必然性就是古代造园没有专职设计师，而是文人画家，他们是根据文学意境构园的，也就是用诗文造园，这正好是中国古典园林在世界上独树一帜的最重要特征。

我的第一本书是《苏州园林匾额楹联鉴赏》，目的是为了让学生进到园林能够看得懂，看懂了可以跟他的朋友讲。所以也就这样很巧合地对园林产生了兴趣。走进这些文人设计的园林之后，我发现园林作为一个文化载体博大精深。正好我研究、教授的主要是先秦两汉文学，对四书五经、楚辞等都比较熟悉，古代园林跟中华文化元典有非常密切的关系，儒道楚骚加上中国式佛教是奠定园林思想的基石。就这样开始了我对园林文化的研究。

采访人：您之前写《中国园林文化》这本书的时候，对园林里面的各种文化因子有特别深入的阐述，您当时是出于怎样的考虑去进行分析的呢？

曹：中国园林文化承载的主要是温文尔雅的农耕文化，中国农民的行为模式虽然体现了中国文化，但是他不会说和写。中国传统文人是中国文化的精英，也是传承中国文化的主体。构画文人园的士大夫文人，大多具有"三绝诗书画"的才艺，因而具有将内心构建的超世出尘的精神绿洲精心外化为"适志"、"自得"的生活空间的能力，能将文人的审美理想、苦闷和追求融进园林意境。通过对苏州比较典型的文人园林的解读，我觉得老庄、《论语》、《诗经》、《楚辞》、《世说新语》，唐诗宋词，甚至戏剧、明清小说等等都可作为中华文化信息库。对我来说，学习研究中国文学跟园林文化是合拍的，因为它们之间有密切的关系。陈从周先生说园林与古代文学盘根错节，十分精辟。文学属于大文化中的一个门类，应该从大文化概念去解读这些文化元素。园林是文化领域中特殊的文化载体，园林中的物质构成元素固然是物质的，是看得见的文化，但又是精神的，是制度文化的物化，是历史的物化，又是物化的历史，其核心是社会意识形态，因而属于上层建筑，所以太特殊了。如宅园的住宅部分，不能把它看作仅仅是一般的居住空间，其建筑形制、大小、高低等都受到"礼"的规范、制约，体现尊卑贵贱的等级秩序，是"礼的容器"，体现的是一套严整的家族制度。如住宅遵循礼制，采用中轴线这一最基本的形态秩序：厅房为主，开间、进深、高度、用料、工艺、装修规格最高，开间多为奇数，中国传统文化以奇数为阳，偶数为阴，阳大阴小；门房为宾，两厢为次，父上子下，哥东弟西，哥高弟低，尊卑有序，长幼有节，"各居其所"。国家社会不过是家的扩大。

研究越深入，我就越想好好修订自己的著作，想把更深入的理解加到著作之中。我那本《苏州园林匾额楹联鉴赏》出版于1991年，发行至今20多年，现在第四版了，每印一次，我都会修改，希望将更准确的信息告诉读者，避免以讹传讹。这些匾额、楹联、承载的文化信息量实在太大了，稍不留神，就会以今释古，以俗释雅。我独著、主编及主笔近20部园林文化艺术类著作，再加上文史类及合著的近30部，有的连印多次，有机会我都会修改。

我觉得随着长期的文化积累，对园林文化的理解也会越来越深入。比如我教了几十年的中国古代文学史；写了《中华古代文化辞典》中的地理、书画、音乐舞蹈等条目；定期参加苏州香山帮技艺传承人的传习所学习，亲聆建筑大师的讲授等。香山帮古建公司组织编写一本书《苏州园林营造录》，他们把工程师们所写的建筑类文稿给我，附带许多设计图，我帮着整理成书。我一方面学习木作、山石等技术内容，另一方面补充了植物、人文等内容，分了章节，编成了《苏州园林营造录》一书。编写过程也是学习过程。

这些积累，对研究园林文化都十分有用。园林是综合文化载体，它包括文学、哲学、戏剧、建筑、园艺等等，是学不完的，越学感到不懂的太多，学习兴趣也越浓，能理解多少就是多少吧。

采访人：您是怎么理解农耕文化与园林之间关系的？

曹：我们现在的园林基本上是农耕文化的一种产物，因为农耕文化需要稳定，园林是建在地上的，不可迁徙，起码它是稳定的。而游牧文化、游牧部落是逐水草而居的。如北方契丹、女真（满族）、蒙古游牧或半游牧民族入主中原先后建立的辽、金、元时期的园林是受到游牧文化影响，如辽帝遵循四时捺钵制度，"捺钵"是指称皇帝游猎所设的行帐，也即朝廷四季临时驻守办公之地，也是政治中心、最高统治者所在地，有别于中原皇帝离宫。金代的捺钵只是女真人传统渔猎生活方式的象征性保留，基本皈依了汉文化，在燕京建宫室，也都依照北宋都城开封的制度。

古代园林采用木构架，也是跟农耕文化有关系的。采用木构架建筑的因素是很多的，其中中华五行学说嵌入了生活的各个领域，这是一个文化观念问题。五行里东方属"木"，震卦，是春天的象征。木是欣欣向荣的，颜色是青色的，正好是植物生长的颜色，东方就是希望的象征，一年之计在于春，所以在皇宫里东宫就是太子住的，因为他是接班人，代表着希望、生机。古人认为木构建筑气场最优，适合人居。中国是皇权高于神权，所以中国最伟大的建筑、最漂亮的建筑是给人住的，不会给神住。我们的住宅并不要求永恒，而希望长江后浪推前浪，孙子不要住爷爷的，要自己造更好的。西方最漂亮的石构建筑是给神住的，它是"神本"，求永恒，我们是"人本"。我们园林建筑平面布局以庭院为单位构成线性系列，纵深空间的组合和音乐一样，是一个乐章接着一个乐章，有乐律地出现，有曲折藏露，避免一览无余，充满生活情调。

中国园林多宅园，住宅和园林连在一起，因此，建筑既有礼式，又有杂式的，是儒道文化的形象载体。住宅建筑，讲究礼仪，讲究中轴线。花园的杂式建筑自由活泼。所以皇帝是不大愿意天天在宫廷里听早晚汇报的，如清代帝后一年

中有好多时间在颐和园住，他们很喜欢在苑区自由自在，受礼仪的束缚少。

旧中国以农立国，因此重农抑商，讲究耕读传家，以农为本，在外经商，也标榜要归本，建"崇本堂"、"务本堂"，发财了回去就是办学，建设家族祠堂，资助氏族贫困的人，像徽商、晋商他们都有这种情况，比较看重农业。但是元朝打破了这一点，元初甚至将农田变成草地、牧场，后来经过一些汉臣的劝说，遂"行中国事"，皈依了农耕文化。

采访人：那您是怎么理解儒释道这三种传统哲学思想在园林中的体现呢？

曹：中国文人作为个体的人来说，都是三教合一的。每个人接受的启蒙教育都是《千字文》、《三字经》、《论语》、《孟子》等儒家经典，儒家思想已经深入到血液了。那么道家思想较多的是涉及独处时的修养，张扬个性的自由。

佛教思想实际上是中国化的佛教，其中禅宗影响很大，禅宗思想跟儒家思想、道家思想有很多相通的地方。如都讲究"悟"，佛教讲佛祖在灵山会上拈花微笑，认为只有迦叶领悟其意，后以"心心相印"来喻指佛与教徒不藉语言，心意相通。说的是非常高深的理论，无法用语言来表达，就只能是悟。先秦道家庄子就说过类似的话，他说：浅显的道理是可以用语言来表达的，但是高深的道理是无法用语言表达的，要"悟"。因为这佛教已经不是印度的佛教，我们叫大乘佛教，他们是小乘，当然是悟出来的，妙悟。至于南宗北宗，南宗也不是天天坐着念阿弥陀佛的，吃饭、挑水，做什么事情都可以悟道，根本用不着坐在那里一本正经地悟道，所以这是非常文人化的，很自由，实际上跟中国的道教很相似。

三教合一是很早就有了，像陶弘景，是一个道教领袖，但是他又号"山中宰相"，死的时候以袈裟覆体，开三教合一的先声。古代文人往往是身穿儒服、头戴道冠、手拿锡杖，这是中国文人的特点，就是三教合一，你很难说他是哪一教。只是到了宋代三教"化合"了，变成了"理学"。明代王阳明"心学"，更是集儒、释、道三家之大成，修炼内心强大的自己。三教合一中的三教各有它的侧重点，包括生活、治政、个人修养几个方面，所以很难分清。就像我们自身也很难说清自己接受了多少正统的儒家思想。

采访人：您觉得它们在园林中的表现也是很难这么分清？

曹：很难分清，比如园林中的远香堂、香远益清景点，依据的是北宋理学家周敦颐的《爱莲说》，莲花本来就是佛花，周敦颐自己说佛爱我，我也爱佛，他写的"莲花"也展露了他思想深层的佛教意味。作为佛教教花的荷花，有白、青、红、紫、黄，称"五种天华"。现在也不细分，只要是荷花都行。唐代人就很喜欢荷花，视之谓智慧与清净的象征，这里面既有佛教意味，也有文人的爱好，这个本身就是三教合一的境界。

还有像网师园的月到风来亭，用的是宋理学家邵雍的

《清夜吟》诗："月到天心处，风来水面时。一般清意味，料得少人知。"为什么知道的人少呢？理学家邵雍在欣赏自然景色时吸收了禅趣，月色清风之时，境与心得，理与心会，清空无执，淡寂幽远，清美恬悦，宇宙本体与人的心性自然融贯，实景之中流动着清虚的意味，此时悟到的这种玄妙的心灵境界，微妙得难以与他人说。这种自在雅逸的情怀，是一种生活情趣，也是禅趣，当然也还有文人的情怀，一般指儒家情怀。这样的例子很多，从中唐开始大量的文人都跟寺庙的禅僧交朋友。

采访人： 您考证过匾额这种形式是什么时候出现的吗？

曹：建筑用匾最早见于南朝宋羊欣《笔阵图》的记载，说西汉初萧何善写篆籀，前殿建成后，覃思三月，以题其额，观看的人流如潮。匾额原来仅仅是作为一种建筑标识，西汉武帝的建章宫中，出现"骀荡宫"这样典出《庄子》的题名。北魏时高祖提出"名目要有其义"，即给建筑物所题的名目要有教化意义，园林单体建筑上大多有采自儒家经典的题额。从中唐开始用庄子的东西比较多了，到了晚唐就更普遍，"竹庄花院遍题名"、"七字君题万象清"。明清更成熟，大抵运用前朝文人风雅故事，采撷经史艺文中的原型意象，融铸成题额蔚为大观，成为景点"诗眼"。

对联在五代时期也有了，明确提出来悬挂对联大概是明代，唐代用诗句里面有意境的东西挂起来，在清代就如《红楼梦》里所说，无字标题，任是花柳山水，也断不能生色了。

这里我要强调一下匾额的重要性，比对联确实重要得多，它不光是一个古建的标识，还是灵魂，它不是一般的装饰物，现在一般把匾额、对联作为室内装饰，这是片面的认识，匾额是构思时赋予建筑的"思想"，如积善堂表达的就是积善之家，表示我要有向善的思想。耦园大厅匾额"载酒堂"，字面意思是堂上装载着酒，邀请很多朋友过来喝酒。"载酒"用的是杨雄的典故。杨雄是大学问家，是古文字学家，满屋都是书，但他比较穷，又喜欢喝酒，所以向他请教的人每次都准备了酒送给他，然后向他问字，所以载酒就是问字，含义很深，也说明这家主人重情谊，讲究学问，愿意虚心求教。

采访人： 您出的一系列关于园林的著作，能给我们讲讲这些书吗？

曹：刚才讲了，我第一本书是《苏州园林匾额楹联鉴赏》，解释苏州园林中景点的；后来，台北师范大学中文系主任王熙元先生带学生来苏州，听我讲座后，见我有稿子，希望我整理出来，让万卷楼图书公司出版，所以我就写了一本《姑苏园林与中国文化》在台北出版。后来，中华书局总编辑傅璇宗先生和我说，你给台湾出了，也给我们写一本，还定了书名"凝固的诗——苏州园林"。苏州园林只是个典型，皇家园林我也很喜欢。我在北大生活起码有五六年，当

时颐和园也经常去，也就开始考虑包括北方园林的中国园林。写了《中国园林艺术论》。

因为我是研究文化的，文学也是文化，所以我就写了《中国园林文化》这部书。我大学学的四书五经也是文化的源头，我觉得文史哲也不能分，所以当时我就根据自己的理解写，没有任何依傍。《静读园林》、《江南园林史论》等都是在此基础上写的。

《中日古典园林文化比较》是在江苏省立项的，这本书从酝酿到成书花了10年，写得很艰难。这本书分三个部分来写，第一是中日园林发展简史，也是中国园林东传日本的历史；第二部分是中日园林各文化元素之间的比较，有物质的、精神的；最后一部分是中日两国园林同源异质的原因分析，这一部分很难写，因为要很客观很公允地分析，让日本人不反感，所以在书里我用的很多例子，都是日本的有识之士自己提出来的观点。关于日本园林反映出来的思维特点，我感觉他们的思维方式有点绝对化。如金阁寺，水池一面是金阁寺，对岸是夕佳亭，一个是金箔贴的，一个是茅草顶，这些美的符号一点都不和谐，可在有些人笔下写的却是如何如何和谐。我问过很多到过日本的人，他们也认为日本园林有绝对化倾向。虽然我在日本工作期间，已经收集了许多日本园林资料，大学时期外语学的也是日语，但回国后开始写作时，为了多一些日本原创性资料，我还是请了精通日文的许金生帮助翻译了部分原版日文资料，并署为第二作者。

后来，在此基础上又写了《东方园林审美论》。

采访人： 您对吉祥图案进行了深入的研究，请把您这几年对吉祥图案的研究为我们做一下讲解吧。

曹：研究吉祥图案的一个动因是现在园林修复的时候图案弄得太乱，与园林意境不合。典型的就是苏州耦园书房"织帘老屋"，建筑意境表达的是夫妻双双在深山读书，但书房门口铺地却是"平升三级"，把美好的意境破坏了。我希望园林里建筑，从美学角度来说外围环境和它应该符合美的统一率。另一个动因是现在好多园林拆掉之后原有的图案没了，而匠人又不会做，做出来的图案不好看，有的铺地凤凰像只鸡，所以我就想把这些美的东西拾起来，集腋成裘，让搞古建的有个参考。并尽力进行文化解读，正本溯源。希望使用者在用一种图案的时候，要考虑它是怎么来的，用在这里合不合适，这样才能正确地运用这些吉祥图案。我让研究生们到现在开放的园林里拍照，把这些美的符号全都拍回来。然后将图案分类，大体分成天地符号、植物符号、祥禽瑞兽符号、文字符号、文人风雅故事等等，最后按门类分门窗、花窗、铺地、木雕、塑雕等五本出版，目的是便于各行各业的人运用，花了两年多的时间。这样的分类也带来些问题，如花窗亦为门窗一类，但数量太多，分成了两本，还有就是同一类型的符号既有铺地的，也有木雕的，解读时内容不免重复。

还有一个困难是有些图案没有比较科学的名称，一些

约定俗成的名称又不是很科学。比如"卍"字图案，工人称"路路通"。我认为"卍"字图案是转动的太阳，十字图案是静止的太阳。另外还有太阳纹，工匠们一直说的葵纹，葵是向着太阳的，实际上是通过植物来表现太阳，所以后来用了"拟日纹"，是模拟太阳的纹饰。

很多在以往书中出现的符号大都没有说明来源、意义，只是一般的叙述。比如石榴多子，其实石榴不光是多子，实际上它来源于宗教的三大圣果（石榴、橄榄、无花果）之一。赋予它多子的含义应该是在六朝以后，起码是东汉以后佛教传进来以后。六朝的时候，中国才开始把石榴当作结婚礼物，赋予吉祥多子的意思。石榴在西方也有多子的意思，还有爱情的意思。所以现在的图案里石榴用的很多，往往取它繁荣、多子的含义，这也是我们的一种文化心理的体现。有的将石榴塑在屋顶，一面石榴，一面桃子，象征着长寿多子，这种美好的寓意都用实体来形象表达，而不是直接用语言，也避免了俗气，像这一类的图案有很多。

古代园林的匠人都是手工操作，有的是临场发挥，式样千姿百态，不会重复，但所制作的图案都是吉祥的。比如葡萄，它除了多子的意思，还有丰收的含义。有好多都是多种美好的寓意包含在一个图案里，表达福禄寿喜财这种心理，这是人类共同的希望，都是用实物很风雅地表现出来让大家体会。

图案能俗中见雅，如门楼兜肚雕刻，东边图案是周文王见姜太公，西边是郭子仪拜寿图案，形象生动，蕴涵着很多愿望：首先，东边属震卦，阳，君位，周文王大德，姜太公大贤，象征德贤齐备；西边属兑卦，阴，臣位，郭子仪功高不震主，高寿，八子七婿，子孙兴旺，包含着功高、长寿、子孙兴旺等世俗愿望。这样的图案很受欢迎，把人类一般的心理都包含了。这类表达建功立业、福禄寿喜财的图案一般用在住宅区。

而花园氛围不一样，更多地体现寡欲、自由、雅致，像陶渊明爱菊、林和靖爱梅花、周敦颐爱莲等图案往往会放在花园的裙板、雕塑上。所以通过研究解读图案我们就知道什么图案放在哪里合适了，就不会乱放了。

有些图案跟我们的民族文化心理有关，如语言崇拜。比如图案中出现比较多的如意结，中国人喜欢"结"，称中国结，因为与团结的"结"、吉利的"吉"谐音。还有佛教的"盘长"用的也很多，"盘长"连着很多结，代表福禄不断，而且像绳子一样，绳有团结的意思，绳还跟神仙的"神"谐音，所以用的很多，讨个"口彩"。

这类语音崇拜，除了中国，印度和日本也有，说明亚洲民族在语音崇拜上还是比较多的，在使用图案时都是求吉祥谐音的。

像"葫芦"就是"福禄"，有的葫芦花窗中间还塑两支笔一横，放一个银锭，这就是"必定福禄"的意思。还有的是表达的思想很世俗，但形象优美悦目，像牡丹花很漂亮，但表达的是富贵。牡丹跟桂花、海棠放在一起表达的就是满堂富贵，基本上都是这样搭配的。

采访人：像这种文化形式，是不是明清以后更多？

曹：明清特别是清代前期是荟萃阶段，盛清时代形成繁复的美学风格，图案运用就很多，明代中叶以前图案比较简洁。清代中后期创意很少，创意最多的是晚明。晚明是政治上最腐败的时候，但人们思想很自由，所以最有文化创意。特别是当时的文人，把构园看成一种艺术，成为一种嗜好，一种品位的象征，一种对艺术的追求。构园是高消费，豫园的主人潘允端造园费时18年，最后靠卖田地、古董维持，但他把构园当作艺术追求，并不后悔。

明末政治腐败，穷苦的地方都在闹革命，而江南地区经济发达，属于繁华之地，并没有人想去造反，反而掀起了构园高潮，所以明末构园高潮也与这些地方的经济和文化发达有关。明代初年刚好相反，朱元璋贫农出身，而且仇富，所以他不允许造园。元代也是到元末才开始的，从园林史上来看元末江南乡镇园林大量兴起与当时的政治、经济、文化也是密不可分的。

清初的扬州园林奇迹般崛起是有政治原因的，因为多盐商构园，所以市井气加上文人气，张家骥先生说这是文人园的一种变种。扬州园林的建造者也有文人雅士，但毕竟是商人，要举办商业活动。比如个园主人称得上大雅致人，但在春山上建的"壶天自春"是长达十一间的二层楼廊，体量庞大，气势恢弘，是为了商业活动方便。

清代中后期园林文化发生嬗变，为什么呢？因为新贵起来了，出现了很多政治新贵、经济新贵，还有暴发户，他们大多有钱没文化，或崇洋。他们建造的园林书卷气不浓，有的人构园的动机不是爱好而是商业行为，所以市井气很浓，不能代表传统经典，当然也有很传统的。

目前，市场经济对传统园林也有冲击，如中国古典园林的周边商业气息太浓，园林外围商业化很严重。这一点应该学日本园林，日本园林保护得很好，园林的外面也没有商店。所以我一再呼吁要淡化商业色彩，加强文化氛围。虽然说了，但是很不容易做到，园林的意境没有了是很可惜的。

古典皇家园林艺术特征三维可视化展示与解读[①]

李炜民　　张宝鑫　　陈进勇

摘　要：中国古典皇家园林是中国传统园林体系中的重要类型，在园林发展史上占有非常重要的地位。本研究选择颐和园谐趣园和北海静心斋这两处典型的古典皇家园林实例，整合了皇家园林原真性电子数据采集的三维扫描技术，在此基础上研发了中国古典皇家园林互动展示系统，在三维背景下进行古典皇家园林艺术特征的可视化解读，以期为中国古典皇家园林保存原真性电子数据，全面展示中国古典皇家园林艺术成就，并为其他园林类型研究提供研究基础。

关键词：古典园林；三维扫描；虚拟现实技术；皇家园林

皇家园林隶属于古代的皇家，主要为皇帝及其家族服务，是封建帝王避喧听政、居住游憩的重要场所。皇家园林融合了传统造园的精华，但由于历史的发展和朝代的更替，明清以前的皇家园林很难留有实物遗存，保存至今的皇家园林，精品荟萃，成为重要的历史文化资源，也是全人类重要的物质和非物质文化遗产。围绕中国古典皇家园林数字化开展相关研究，可以为传统园林保存详细的电子数据，为中国传统园林的保护奠定重要的研究和数据基础，同时采用现代多媒体技术构建数字展示平台还可以将中国皇家园林的精华展示给观众，提高中国传统园林相关知识的普及，从而更好地弘扬中国优秀传统文化。

1　皇家园林概述

1.1　皇家园林的概念

皇家园林是古典园林三种基本类型（皇家园林、私家园林、寺观园林）之一。在漫长的历史发展过程中，突出帝王至上、皇权至尊的礼法制度也必然渗透到与皇家有关的一切政治仪典、起居规则、生活环境之中，表现为所谓皇家气派。园林作为皇家生活环境的重要组成部分，当然也不能例外，形成了有别于其他园林类型的皇家园林。皇家园林数量

的多寡、规模的大小、布局的巧拙，在一定程度上反映着一个朝代国力的盛衰。皇家园林有多种类型，根据具体的位置和使用方式，历代皇家园林可分为大内御苑、离宫御苑和行宫御苑三种主要的类别。此外还有皇家坛庙、帝王陵寝等也都可以纳入皇家园林范畴中（表1）。

1.2　皇家园林发展简史

商周时期以周文王"灵囿"等为代表，作为皇家园林雏形的帝王苑囿开始出现。从秦汉时期的建筑宫苑开始，历史上的每个朝代几乎都有皇家园林的建置，朝代及君主的不同，皇家园林的发展也烙印了不同的特色。到明清时期，园林发展进入成熟期，造园实践活动数量多且规模大，造园理论及著作发展迅速，皇家园林的发展也进入成熟期，艺术成就辉煌。

每个时期的皇家园林不但是园林艺术的集大成者，也是宫廷文化主要载体和许多重要历史事件的发生地，在一定程度上承担很多重要功能，不仅仅是游赏休憩、散志澄怀之处，很多皇家园林也成为帝王"避喧听政"和"以恒莅政"的政治中心。由于皇家园林的特殊性，在朝代的更替中，许多皇家园林都已经消失，留存至今的皇家园林多为明清时期的经典园林作品。

---

①　基金项目：北京市科委科技计划项目"中国古典皇家园林艺术特征可视化系统研发"。

常见皇家园林的类型 表1

类型	主要特征	典型园林
大内御苑	均建成于都城皇宫中，或紧邻皇宫，与宫廷连为一体	西苑、御花园
离宫御苑	一般位于城郊，相对独立，帝王长期在此居住并处理朝政，具有皇宫之外的第二生活中心和政治中心的功能	圆明园、畅春园、清漪园（颐和园）
行宫御苑	散布在都城附近以及帝王外出巡游的路线上，供其临时驻跸或游赏之用	承德避暑山庄、天津盘山行宫
皇家坛庙	皇家进行祭祀等活动的场所，多有园林建置	天坛、地坛
帝王陵寝	包括陵墓及其附属建筑，周边具有良好自然环境	清东陵、清西陵

1.3 皇家园林艺术特色
1.3.1 规模宏大山水谐调的布局
古典皇家园林的气派首先表现在占地多、规模大，常常包含真山真水景观。此外，在皇家园林的营建过程中，对于山水的比例、联属、嵌合的关系也有周详巧妙的设计，若天然之资欠妥，则不惜动大工程调整山水形态及其关系，以达到理想的山水风景状态。
1.3.2 突出建筑的造景作用
建筑布局重视选址、相地，讲究隐、显、疏、密的安排，务求其构图美观，得以谐调、亲和于园林山水风景之中，并充分发挥其点景的作用和观景的效果。凡属园内重要部位，建筑群的平面和空间组合，一般均显示比较严整的构图甚至运用几何格律，个体建筑则多采用"大式"的做法来强调皇家的肃穆气氛；其余地段，建筑群因就局部地貌做自由随宜的布局，个体为"小式"做法，不失园林的婀娜多姿。
1.3.3 复杂多样的象征寓意
私家园林的意境核心是文人士大夫不满现状、隐逸遁世的情绪在造园艺术上的反映，皇家园林的意境核心多伴随着一定的政治目的，建立在对儒、道、释等封建统治的精神支柱的宣传之上，表达的是皇权至尊、天人感应、祈愿吉祥盛世、颂扬帝王德行、哲人君子的象征寓意。
1.3.4 融汇各种造园技艺
皇家园林主要是宫殿和苑囿相结合的帝王宫苑，作为皇家生活环境的重要组成部分，博采众家之长，荟萃天下美景于一地。各个朝代的皇家园林都吸收私家园林和寺观园林的造园手法和技艺，如清代皇家园林引进江南造园技艺，主要有引进江南园林的造园手法、再现江南园林的主题和具体仿建名园三种方式。

1.4 皇家园林"园中园"实例选择
在封建社会时期，皇家园林均规模宏大，然而规模巨大的园林难以实施深入且细致的表达和处理。当帝王需要追求精巧的园林意境时，就产生了"园中园"造园手法。这种手法在大规模园林的整体中形成了相对独立的单元和区域，并且各有不同的艺术特征和功能主题，使较大的皇家园林化整为零，在保证皇家园林宏大的整体性的同时，又增添了些精巧细致的景观。在现存的皇家园林中，园中园既是大园林的有机组成部分，又有相对独立而自成完整的小园林格局，这些相对

独立的园中园，各种园林要素齐备，具有很好的代表性。

1.4.1 静心斋
静心斋是我国古典皇家园林艺术中的杰作之一，位于北海公园北岸，清乾隆二十三年（1758年）建，初名"镜清斋"，为其皇子读书、品茗、操琴、作画之所，园中布有书屋、茶坞、琴房、画室等，建筑疏朗、布局巧妙、山水环境清雅幽静，为读书养性之处，后于光绪年间改名"静心斋"。静心斋是著名的皇家园林园中园，具有相对独立的园林空间，齐备的皇家园林要素，具有典型的皇家园林艺术特征，能够代表明清皇家园林的艺术特色，因此借助于现代多媒体技术，虚拟再现其园林艺术具有非常重要的意义。
1.4.2 谐趣园
谐趣园是清代皇家园林颐和园内的园中园，位于霁清轩的南面，万寿山后山东北麓，始建于乾隆十六年（1751年），原名惠山园，是仿江苏无锡惠山脚下的寄畅园而建的。嘉庆十六年（1811年）改建此园后更名谐趣园。光绪十七年（1891年）重建谐趣园时又有增改。谐趣园作为清代皇家园林中的经典园中园，园林艺术特征明显。园中方塘数亩，沿池建有楼、亭、堂、斋、桥、榭等园林建筑，并由三步一回、五步一折的百间游廊相连接，错落相间，步步有景，既有天然的地利因素，又有设计的别具匠心，将自然美与人工美巧妙结合，真假山水、亭台楼阁、花草树木，给人以完美的视觉享受。

2 皇家园林原真性三维电子数据采集

2.1 数据采集方法
古典皇家园林的组成元素主要包括亭、台、楼、阁、游廊、桥等建筑，以及园林山石、水体驳岸、园林植物和园林陈设等。针对不同的园林要素，采取了不同的扫描方式。
2.1.1 园林建筑
针对皇家园林古建筑的特点，布站方式采用"井字形"和"Z字形"（图1），在古建筑的屋顶、檐下、梁架结构等处进行布站，扫描仪获取的点效果和质量最佳。"井字形"针对园林主体建筑的立面、檐口、梁架结构等，使获取的三维点云覆盖率非常高；而在空间相对不大的游廊内，则采用"Z字形"布站方式，既保证了有效地采集数据，又减少

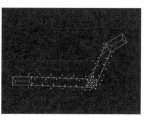

图1　"井字形"和"Z字形"布站方式

了不必要的重复，降低了最终数据处理的误差。古建筑扫描采用 Faro 330 扫描仪，获取中距离的最佳数据。对高处和远处，采用适合三维信息采集的升降平台和承载三维激光扫描仪的摇臂，尽可能将建筑三维信息采集完整。

2.1.2　园林山石

山石属于不规则体，在后期的数据应用中，只有获取完整的山石三维信息，才能将其形体更真实地展现出来。山石扫描时要注意的是相互错落导致的互相遮挡，扫描时在加密站的同时调节控制扫描仪高度，以保证山石数据的完整性。在岩石上方扫描时注意数据的衔接性和互补性，由于扫描仪在进行扫描的时候仪器正下方的位置是底座，通常站位地面会形成圆形的盲区，所以扫描时下一站要能观察到上一站位置，这样数据便会形成互补，保证数据的完整性，扫描时获取中距离的最佳数据。

2.1.3　水体驳岸

三维激光扫描在采集水体及驳岸时会发生明显的误差，那就是来自于水体对光的反射及折射，这会严重影响三维激光扫描数据，在后期处理的时候将水面以下的数据进行裁剪

与筛选。在进行水体驳岸三维信息采集时，布站方案需根据控制测量体系分出的碎步进行测量。由于驳岸测量时有水流地形的特点，所以采取的扫描方式是在对岸架站，选用 Z+F 高精度的三维扫描仪，获取中远距离的最佳数据。

2.1.4　园林植物

园林中植物是不可或缺的要素，植物本身不具备像建筑一样的标准化形态，对三维信息采集工作造成了比较大的困难。由于站式三维激光扫描仪的特性，它只是记录在静态下的三维空间坐标点，不能捕捉到动态的坐标点，所以针对植物的三维信息采集，是以其根部为中心，重点围绕躯干进行布站扫描。

2.1.5　园林陈设

园林的室外陈设具有很多样式，有花盆、孤石、石碑等，针对园林室外陈设三维信息采集主要以形体为主，根据扫描仪的特性，扫描距离保持 1m 左右。根据不同的陈设摆放的位置，有的需要围绕陈设进行三维信息采集；有的需要连带主体建筑的，在布站的时候考虑建筑立面和陈设一起扫描下来，优化整体布站，减少后期拼接误差。

2.2　数据转换

根据古典皇家园林的特点，对扫描获取的三维点云数据进行特征提取及实体化，最终形成适用于包括 Revit、AutoCAD 及 SketchUp 等多种主流设计平台的三维矢量模型。这些处理过的模型可以通过主流设计平台调取，并轻松转变为 CAD 图纸或虚拟现实模型应用。图2为获得的点云图像，图3示意了从三维点云数据到三角面模型，再到参数化矢量模型，最终输出成图纸的过程。

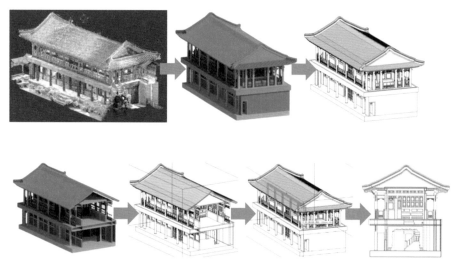

图2　叠翠楼三维参数化模型

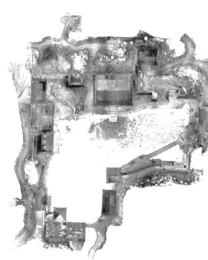

图3　由测绘和点云生成的谐趣园院落空间

3 古典皇家园林艺术特征可视化系统研究

3.1 设计原理

中国古典皇家园林三维可视化系统以citymaker为核心平台,将园林的激光雷达扫描数据进行优化整合,根据需求进行功能的定制开发,与触摸屏交互进行二次开发,实现对可视化数据的交互体验。

3.2 系统实现

利用激光雷达三维扫描技术,经外业采集、内业处理、质量检测、优化的一系列过程,建立了集实景三维数据与图文数据于一体的皇家园林综合数据库,在此基础上完成高数据精度(分辨率)、高仿真度(三维效果)、真三维的园林现状模型;在三维可视化系统中完成园林景点的布局、定位、介绍等一系列信息和功能。因模型精度高,数据量大,还要具备基于位置的服务功能,构建三维可视化平台时选择Citymaker作为三维地理信息系统平台,在其开发接口上进行二次开发,完成互动展示系统应用功能。

中国古典皇家园林三维可视化互动展示系统的初始界面为古典皇家园林可视化系统,其中包含皇家园林概述、经典园林畅游、园林知识科普。重点的园林可视化内容包括静心斋、谐趣园、乾隆花园等园林实例,进入其中一个园林景点后,分为概况、历史、园林艺术特征、园林造景要素、定向游览五个部分。

3.3 皇家园林艺术特征在三维条件下的解读

3.3.1 三维视角下园林全景展示

采用三维激光扫描技术,实现对园林的全覆盖,经过数据转化和加工,能形成整个园林的三维展示系统。从三维图中能对园林的空间布局、山形水势、建筑分布、道路系统等都有比较全面的整体认识。古典皇家园林由于园林要素多、造园比较复杂,游客在常规游览中往往会"身在园中不知园",缺乏对园林的整体认识。采用三维视角俯瞰全园,便能迅速对园林有一个全面认识(图4、图5),这是该系统的主要特色之一。

3.3.2 园林要素的全方位展示

三维视角下可以对建筑、山石等园林要素实现360°、自上而下的任意角度欣赏,从而对单体有全面的认识,避免"只见局部、不见整体"的局限性。常规游览只能以单面的视角去欣赏,如六面亭在任一角度都只能看到三面,三维视角下可以360°旋转,可以从顶上俯瞰等,从而对六面亭有整体认识,这正是普通游览达不到的效果。

3.3.3 园林景观的最佳展示

三维可视化使得虚拟游览可以在任意点、以任意角度显示景观效果,从而获得最佳视角。常规游览只能在道路上行走,达到步移景异的效果。虚拟游览则可以在空中飞、在水中游、在山上爬、在屋顶上走,达到飞檐走壁、任性看,形成独特的视觉效果(图6),这是普通游览所望尘莫及的,开启了皇家园林全新的游览方式。

图4 皇家园林常规解读方式(静心斋清代图档)

图5 由点云数据转换后生成的展示模型(静心斋院落)

图6 三维可视化条件下园林的全新视角展示

3.3.4　园林的真实展示

三维可视化影像建立在激光扫描的基础上，数据真实、方法科学，虽然是虚拟游览，但能给人以真实的体验和感受。园林中常规游览只能局限于在道路上观赏，对屋面、建筑物背面等很多地方是目所不能及的。采用虚拟游览可以俯瞰屋面、认识园林建筑的卷棚屋面、硬山、歇山等建筑类型。

4　结语

皇家园林较为集中地展示了中国传统园林的精华，将皇家园林通过可视化技术进行展示，能更好地展示中国园林的文化和艺术特征，更好地普及园林知识。展示中国古典皇家园林离不开展示体系和平台，建设中国古典皇家园林数据库是当前各种资源信息化、网络化时代大背景下的必然要求。开展皇家园林数字化研究可以实现资源的共享，方便研究人员查阅相关文献资料，也大大扩充了信息的获取范围，提高了信息处理效率，为工作和学习提供了有效的工具和方法。以古典皇家园林信息数据库为基础的三维园林的展厅应用，可以实现单体的触摸屏系统、多屏幕的触摸屏系统以及单屏推送的触摸屏系统构架，在展厅内进行多种配套组合应用，也可以应用于教学、科研等教育专业。

参考文献

[1] 周维权.中国古典园林史［M］.北京：清华大学出版社，2008.
[2] 汪菊渊.中国古代园林史［M］.北京：中国建筑工业出版社，2010.
[3] 朱凌.基于现代测绘技术的古建筑测绘方法研究［J］.山西建筑，2007，5.
[4] 张金霞.基于三维激光扫描仪的校园建筑物建模研究［J］.测绘工程，2010，2.

3D Visualization and Interpretation of the Artistic Features of Classical Royal Garden in China

Li Wei-min　Zhang Bao-xin　Chen Jin-yong

Abstract: Chinese classic royal garden is an important type in traditional gardens system. It plays an important role in garden developing history. Choosing Xiequ Garden and Jingxin Garden as an example, the 3D scanning technique fit for royal gardens authenticity was integrated and digital data were collected. Chinese classic royal gardens interaction display system was developed, and visual interpretation was carried out. The system restored the authenticity digital data and displayed the art achievements for Chinese classic royal gardens, providing reference for other garden types.
Key words: landscape architecture; 3D scanning; virtual reality technology; royal garden

作者简介

李炜民 / 1963年生 / 男 / 山东人 / 教授级高级工程师 / 博士 / 北京市公园管理中心总工程师 / 中国园林博物馆馆长
张宝鑫 / 1976年生 / 男 / 山东青岛人 / 高级工程师 / 硕士 / 毕业于北京林业大学 / 就职于中国园林博物馆 / 研究方向为园林历史、艺术和文化
陈进勇 / 男 / 1971年生 / 江西人 / 教授级高级工程师 / 博士 / 就职于中国园林博物馆园林艺术研究中心

小中见大
——中国园林博物馆中再现历史名园

阚跃

摘 要： 中国古典园林是中国传统文化的组成部分和展示载体，留存至今的历史名园成为重要的历史文化遗产。本文对传统园林及其文化价值进行了分析，在中国园林博物馆建设的实践中，探讨了历史名园在博物馆中的景观重现，并提出了博物馆在未来所肩负的重要责任和使命。

关键词： 古典园林；博物馆；遗产；历史名园

中国园林是中国传统文化的重要组成部分，中国园林博物馆是展示中国传统园林的文化机构。中国园林博物馆的兴建承载着人类对理想家园的美好愿景，旨在全面展示和研究中国园林悠久的历史、灿烂的文化、多元的功能和辉煌的成就。

1 传统园林及其文化价值

中国幅员辽阔，大自然风景绮丽多姿，钟灵毓秀的大地山川，积淀深厚的历史文化，孕育了中国园林这样一个源远流长、博大精深的园林体系，中国人独特的山水观和哲学思想都影响了中国园林的形成和发展。园林是自然与人文、环境与艺术的完美融合，是人类追求与自然和谐的理想家园。中国园林富有哲理与诗情画意，具有高超的艺术水平和独特的民族风格，在世界园林史上占有极为重要的位置，是东方文明的有力象征。

中国古典园林起源于公元前11世纪的商末周初，形成于秦汉（前221 ~ 220年），转折于魏晋（220 ~ 581年），成熟于唐宋（618 ~ 1279年），集大成于明清时期（1368 ~ 1911年）。历经数千年积淀终成为博大精深、独树一帜的世界文化遗产，成为东方文明的有力象征。中国古典园林之所以能以独特的艺术成就屹立于世界，其根源来自于中国独特的自然环境条件、社会历史发展背景以及由此形成

的丰富多彩的传统文化。中国古典园林的博大精深表现在不同地域、不同民族独具特色的园林艺术；表现在中国人独特的精神世界与哲学思想；表现在不同民族、不同时期文化的传承与发展；表现在变化多样的艺术形式与诗情画意的内心世界；表现在功能与形式的高度统一；表现在物质与精神的完美融合；表现在神与人、天与地的对话；表现在从帝王到百姓对理想家园的追求。

2 中国园林博物馆概况

2.1 中国园林博物馆建馆理念

园林起源于人类对理想居住环境的追求，随着人类栖居理想的发展而不断地发展演变，承载了先民对理想栖居环境的不懈追求与实践，因此中国园林博物馆确立了"中国园林——我们的理想家园"的建馆理念，旨在展示中国园林悠久的历史、灿烂的文化、多元的功能和辉煌的成就。展陈体系力求使传统展示与实景展示相互穿插、渗透、浑然一体。中国园林博物馆以中国历史和社会发展为背景，以中国传统文化为基础，以园林文物及相关藏品为重要支撑，以展示中国园林的艺术特征、文化内涵及其历史进程为主要内容，生动体现园林对人类社会发展的深刻影响。中国园林博物馆以"经典园林、首都气派、中国特色、世界水平"为建设目标，成为收藏园林历史文物证物、弘扬中国优秀传统文化、展示

中国园林艺术魅力的文化窗口，是研究中国园林重要价值的文化交流中心，承担着科学研究、教育实践、展览体验、科普宣传和学术交流等多重使命。

2.2 中国园林博物馆环境营建

中国园林博物馆以"理想家园，山水静明"为立意主题，背靠鹰山，延山引水，广植花木，营造"负阴抱阳、藏风聚气"的山水骨架，构成"虽由人作、宛自天开"的园林佳境。园博馆沿承了中国园林传统布局理念，采用前殿后园式布局，主建筑由"屋顶"和"墙"两个基本元素构成：中轴以金顶红墙体现首都皇家园林的建筑特征，两侧采用白墙灰瓦表现南方私家园林建筑符号。建筑正面以白墙为纸，树石为画，勾勒出一幅中国传统山水画长卷。室内公共空间突出山水理念与园林特色，步入中央大厅以左"春山"右"秋水"序厅起始，主轴线经抄手游廊至四季庭向北延伸至室外扇面亭"延南薰"作为结点，实现与山地园林的自然衔接与过渡，体现从城市到自然、从现代到传统的渐变。

中国园林博物馆以建设"有生命"的博物馆为目标，突出人文与自然的和谐统一。室外遍植乔木、灌木、竹类、藤本、花卉、地被及水生植物等七大类植物，以传统植物为主，展现皇家园林、私家园林以及北方山地乡土植物等不同园林类型的植物配置，四季变幻，生机盎然。着力营造适宜动物栖息的"小生态"安全岛，最大程度地还原山、水、树、石、动植物的自然性。绿头鸭、针尾鸭、鸳鸯、大天鹅、黑天鹅、蓑羽鹤、斑头雁、赤麻鸭、红嘴鸭、丹顶鹤等10余种珍禽以及各种观赏鱼类已在园博馆安家，多种野生鸟类、雨燕、青蛙、蜻蜓、鸣虫已在此游憩，为园博馆注入鲜活的生命力。

园博馆的营建借山于西，聚水于南。自西北端山石叠水起始，分两脉向南端流淌，一脉注入四季庭外水域，一脉经流半亩轩榭园区向南聚于塔影别苑水系。主建筑被水体三面环绕，与室内各展园小型水面恍若同源。将传统掇山技法充分运用到环境建当中，精选不同种类、风格的传统与现代石材如南太湖石、北太湖石、黄石、英石、青石、笋石、萱石、灵璧石等，因地制宜、因石制宜，在室内外展园、公共空间、展厅以假山、置石、驳岸、汀步、蹬道等形式与水体、植物、建筑交相辉映，再现了中国人对自然山水的理解与在园林中的独特运用。为了记忆建设区域的历史环境，馆入口松竹梅下的配石"钢渣"更是匠心独运。

2.3 中国园林博物馆展陈体系

中国园林博物馆的展陈体系分为室内展陈、室内展园和室外展区三部分，三者相互穿插、渗透，成为一个展陈整体（图1）。室内展陈采取基本陈列、专题陈列和临时展览相结合的展陈系统，设置6个固定展厅和4个临时展厅，以中国园林的发展历程为主线，全面展示中国园林的历史文化与艺术成就，辅以展示国外园林艺术精品。以中国古代园林和中

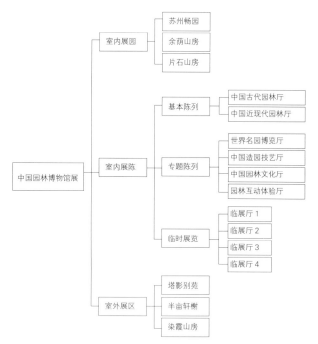

图1 中国园林博物馆展陈体系

国近现代园林作为基本陈列，以中国造园技艺、中国园林文化、世界名园博览和园林互动体验作为专题陈列构成固定展陈体系。四个临时展厅作为文化交流展示，推陈出新不间断展出国内外园林文化艺术精品。

固定展厅是展陈体系的重要部分，6个固定展厅分别设置不同的展览主题，展示历史名园的历史见证物。中国古代园林厅以"源远流长、博大精深"为主题，展示中国古典园林三千多年的发展历程。中国近现代园林厅以"传承创新、宜居和谐"为主题，系统展示中国近现代园林发展历程。中国造园技艺厅以"师法自然、巧夺天工"为主题，重点展现中国传统园林的造园技艺与艺术特征。展厅内通过叠山、理水、花木、建筑等结构构成，辅以文字图片说明，结合模型、工具、材料、做法等展示中国园林的造园技法与造园流程。中国园林文化厅以"文心筑圃、诗情画境"为主题，展厅以大量的文献、实物、楹联匾额与书房、戏台、红楼梦大观园场景表达园林中的诗情画意，通过琴棋书画、诗酒茶香等园居活动来体现中国人的文人情怀。世界名园博览厅以"海外览胜、名园撷珍"为主题，展示22个国家和地区的经典名园。展厅以图版与模型为主要展示手段，介绍不同国家和地区的园林特点、艺术手法与历史。园林互动体验厅以"科普互动、模拟造园"为主题，以电子与数字技术建立各种模型、游戏，突出科普性、互动性和趣味性。以实景和数字制作"中国园林——我们的理想家园"两部4D主题片，让观众感受园林的历史、文化以及艺术之美，认识园林在城市环境营建中的重要作用，普及传统园林保护和传承等相关知识。

3 传统园林在博物馆中重建和创新实践

根据文献资料和现存的园林实例，在博物馆室内展陈、室内展园和室外展区中以厅堂场景、沙盘模型和实景异地重建等形式再现了部分能代表中国传统园林文化特色的经典历史名园，展现不同时期中国园林的辉煌成就和艺术特色，而在咫尺之地再现历史名园成为中国园林博物馆区别于其他博物馆的重要特色。

3.1 室内展园重建历史名园

中国园林博物馆规划设计的最大特色就是建设一座有生命的博物馆，在主体建筑内，精心策划三处南方不同风格流派的室内展园。根据建筑格局与展陈需求分别选取了苏州的畅园、扬州何园的片石山房和广州番禺余荫山房深柳堂景区，根据三个不同地域气候特点配置设备，保证小气候环境营建满足庭院植物生长。为了原汁原味地再现展示，所有的工序均按传统做法，从原址勘测、规划设计、庭院施工、室内陈设到植物配置均按 1 ∶ 1 原样由当地的专业队伍和工匠负责完成，一砖一石、一花一木均进行严格把关，最大程度保持了原真性。而将片石山房选择屋顶之上，成为荷载最大的空中花园，更是体现园林博物馆创作之奇妙，成为一大亮点。

3.1.1 苏州畅园

畅园是苏州小型园林的代表作之一，它以水池为中心，周围绕以厅堂、船厅、亭、廊，采用封闭式布局和环形路线，景致丰富而多层次，造园技艺精致玲珑。畅园占地面积 1450m²，建筑总面积 375m²，为整体复建，总体保持原貌，同时结合场地条件进行适当调整（图2）。畅园的主体建筑"留云山房"、"涤我尘襟"船厅、"桐华书屋"环绕水池遥相呼应，北部为面积较大的海棠芝花铺地，周边以山石花木为主题，玲珑的峰石、姿态优美的花木以四周高低变化的白墙为背景天然成为一幅画卷。庭院以廊、半亭分隔成两部分空间，增加景观的层次感，廊亭成为此园的中心景观，小院可观可游可憩，步移景异，引人入胜。完美展现了苏州园林造园风格和高超的艺术成就。

3.1.2 扬州片石山房

片石山房传说为明末大画家石涛所建，是石涛叠石的"人间孤本"。片石山房位于展厅二层，占地面积1050m²，建筑总面积 270m²，用石 900 余吨，是国内荷载最大、最为震撼的空中花园（图3）。假山以湖石紧贴山墙堆叠，采用下屋上峰的处理手法。主峰堆叠在砖砌的"石屋"之上，山体环抱水池，主峰峻峭苍劲，配峰在东南，两峰之间似续不续，有奔腾跳跃的动势，颇得"山欲动而势长"的画理，山上按原样植一株寒梅、一株罗汉松，树姿苍古。石块拼接之处有自然之势而无斧凿之痕，其气势、形状、虚实处理秉承了明代叠山之法，"水随山转，山因水活"的画理，独峰耸翠，秀映清池。假山丘壑中的"镜花水月"堪称一绝，光线透过

图2 中国园林博物馆内的畅园

图3 中国园林博物馆内的片石山房

留洞，映入水中，宛如明月倒影，动中有静、静中有动，益然成趣。西部仿建楠木厅，一边为棋室，中间是涌泉，并配置琴台。东北部廊壁上刻有碑文，选用石涛等诗文 9 篇置壁上，半亭嵌置一块镜面，整个园景可通过不同角度映照其中，顺自然之理，行自然之趣，表现了石涛诗中"莫谓池中天地小，卷舒收放卓然庐"的意境。

3.1.3 广州番禺余荫山房

余荫山房是岭南四大名园之一，始建于清同治五年（1866 年）。园门题"余地三弓红雨足，荫天一角绿云深"，为岭南园林第一联，该园以"缩龙成寸"、"书香文雅"的独特风格著称于世，嘉树浓荫、藏而不露，满园诗联，文采缤纷。复建展园选取余荫山房中"浣红跨绿"桥廊西侧，以深柳堂、方形水池、临池别馆为主要景观构成，占地 530m²，总建筑面积 190m²。整体布局以方形水池居中，体现岭南园林环水建园的造园主旨（图4），水庭之北为深柳堂，原为余荫山房园主会客场所，也是本园的主体建筑，以游廊连接"浣红跨绿"廊桥。深柳堂前种植左右两棵榆树，中间花架植有炮仗花，重现山房经典的堂前红雨景观。水池南面的

图4　中国园林博物馆内的余荫山房

图6　半亩轩榭

临池别馆因场地面积问题只能保留檐廊部分，照壁上的灰塑"四福捧寿"，保证景观之视觉完整性。整个项目涉及岭南传统工艺20余项，其屏风、挂落、花罩木雕以及灰塑、蚝壳片窗、陶瓷琉璃花窗、彩色玻璃花窗、英石、家具、字画等做工精湛，完美地展现了岭南园林艺术特征，形成了"绿杨墙外多余荫，红树村边自隐居"的独特造园风格。

3.2　室外展区创新展示历史名园景观

园博馆室外依地形和自然条件设计了山地园林"染霞山房"、平地私园"半亩轩榭"、水景园林"塔影别苑"三处北方特色园林展区，运用仿建与重新设计相结合的手法使之与博物馆主建筑成围合之势，形成对景、借景。园林博物馆"活"的展品植物、动物成为室外展的主角，百余种传统花木，四季变幻、鸟语花香，几十种观赏动物游戈嬉戏，体现园林人与天调的和谐之大美。

3.2.1　染霞山房

染霞山房景区占地面积约1hm²，是一处结合了鹰山东坡地形、地貌和植被等要素，集中运用各种传统山地造园技巧建设的北方山地园林（图5）。由映红榭、染霞山房、宁静斋等主要建筑组成，参考中国经典传统山地园景而建。根据现状地形以黄石叠山、叠落廊处理山坡高差，连接景观建筑，错落有致。以油松、乡土春花与彩叶树种调整山体植被，以求季相分明。以青石步道、木栈道构成环形游览线，掩映林

木之中，充分表现山地园林因山构势、随形造景、宛自天开的造园技法。

3.2.2　半亩轩榭

半亩园位于原北京内城弓弦胡同，始建于清康熙年间，1970年代末被全部拆除，仅存遗址。园中叠石假山传为清代造园家李渔所创作，被誉为"京城之冠"，是北方私家园林的典型代表。半亩轩榭景区占地不足1亩，取园中最具特色的云荫堂庭院，涵盖了丰富多变的园林建筑形式，厅堂廊轩、溪水亭桥尽在其中，园内垒石成山、引水为沼、平台曲室、有幽有旷，布局曲折回合，山石嶙峋、朴素大方。内有正堂名云荫堂，旁边的拜石轩、退思斋以及局部二层近光阁陈设古朴典雅，百年牡丹落户院中，院门外配植老国槐、枣树，再现了古朴的北方私家园林文人特征，体现出深居京师闹市而得咫尺山林之意境（图6）。

3.2.3　塔影别苑

塔影别苑景区占地面积约1.2hm²。依借鹰山为背景，沿山引水，因地制宜，以人工湖面为中心，结合人工营建的水系、山石驳岸、建筑、植物等要素构成北方水景园林。参考中国经典传统水景园，环湖布置堂、榭、亭、桥、舫、牌楼等传统建筑元素，北面以影壁山墙为背景，松竹掩映，西南一隅引来万寿双环亭坐卧其中，似与园外相接。东南桥外墙下做一过水墙洞，实则不通却似源头，利用中心水面将鹰山永定塔借于园中，倒影成趣，借景浑然天成（图7）。更有传

图5　染霞山房

图7　塔影别苑

统花木楸树、玉兰、木瓜、西府海棠、丁香、牡丹、荷花、睡莲以及各种桃花水边争艳，文冠果、马褂木、七叶树、沙枣、紫荆等异木添彩，天鹅戏水，鱼鸭同乐，雨燕蛙鸣，一派诗情画意。

4 结语

园林是自然与人文、环境与艺术的完美融合，是重要的历史文化遗产，也是全人类共同的物质和精神财富，成为传承历史文脉、改善城市环境的重要内容，是沟通人和自然的重要桥梁。中国园林博物馆的建设，为中国园林文化的研究总结、传播以及东西方园林文化的交流搭建了非常重要的平台。作为一个新建博物馆，未来还需要多方收集园林历史见证物，深入研究，保护和再现传统园林，创新并不断完善集展园、展厅于一体的展陈模式，在此基础上加强园林国际交流与合作，以更好地实现"经典园林、首都气派、中国特色、世界水平"的建馆目标，描绘出"理想家园"的美丽愿景画卷！

参考文献

［1］周维权.中国古典园林史［M］.北京：清华大学出版社，2011.
［2］汪菊渊.中国古代园林史［M］.北京：中国建筑工业出版社，2008.
［3］阚跃.中国园林博物馆建设及其展陈特征研究［J］.中国园林博物馆学刊，2016，1.

Reappearance of the Historical Gardens in the Museum of Chinese Gardens and Landscape Architecture

Kan Yue

Abstract: Chinese classical garden is a part of traditional culture and display carrier. The extant historical garden has become an important historical and cultural heritage. Based on the construction of the Museum of Chinese Gardens and Landscape Architecture , the traditional gardens and their cultural value were analyzed, and reappearance of the historical gardens in the museum was discussed. The responsibility and mission of the museum in the future were proposed.
Key words: traditional garden; museum; heritage; historical garden

作者简介

阚跃 / 1958年生 / 男 / 北京人 / 北京市公园管理中心主任助理 / 中国园林博物馆北京筹备办公室党委书记

中国现存古典皇家园林艺术杰作
——颐和园

杨宝利

摘　要： 颐和园是现存规模最大、保存最完整的中国古典皇家园林。在系统梳理颐和园历史沿革的基础上分析了其遗产价值，总结了颐和园作为古典皇家园林杰作的艺术特色，以期为历史名园的保护、修复与创新提供思路。

关键词： 皇家园林；颐和园；造园艺术；文化遗产

颐和园始建于 18 世纪中叶清代全盛时期的乾隆朝，原名清漪园；光绪朝重修并更名为颐和园。颐和园以万寿山昆明湖为主体，以佛香阁为景观中心，是一座在天然地貌基础上经过人为加工而成的大型山水园林，既有皇家园林的金碧辉煌，又有江南园林的自然清丽，可谓"虽由人作，宛自天开"（图 1）。

1　历史沿革与遗产价值

1.1　清漪园之建造

清漪园的造园工程从乾隆十五年（1750 年）开始，至乾隆二十九年（1764 年）全部完工。园林的兴建有两个促成

图 1　颐和园湖山风光

因素，一是由于乾隆十六年（1751 年）逢皇太后六十整寿，"以孝治天下"的乾隆皇帝选择此山一处寺庙旧址兴建大型佛寺为母祝寿，并将此山更名为万寿山（图 2）。二是整理西北郊一带水系，挖出湖中泥土堆山，并重新设计湖山，将山前湖泊更名为昆明湖，湖山之名沿用至今。

乾隆十六年（1751 年），乾隆皇帝谕旨"以万寿山行宫为清漪园"，清漪园的名称正式出现。乾隆亲撰《万寿山昆明湖记》，以志园林崛起。清漪园建成后，其天然湖山的园林景观冠于北京西北郊诸座园林之上，自然的湖山之美，加上人工恰如其分的雕琢，深得乾隆喜爱。

清漪园的建造不只局限于这座园林本身，而是置身于三山五园的大环境中进行规划，从水源、山势、造园等方面充分考虑建园位置和建筑风格，将三山五园串成一个整体的园林群体（图 3）。清漪园是三山五园的景物构图中心，是中国历史上前所未有的包含平地园、山地园、山水园多种形式并存的庞大皇家园林景观群体。历时十五年建设完成的清漪园，不仅是清代康乾盛世的标志，更是对中国古代造园史的一个概括性总结。

"何处燕山最畅情，无双风月属昆明"，乾隆皇帝借着这首作于乾隆十六年（1751 年）的御制诗《昆明湖泛舟》的诗句，表达出他作为园主人对自己倾心"打造"的这座园林的喜爱之情。乾隆皇帝一生所作 4 万余首御制诗文，其中有 1523 首咏颂清漪园。乾隆每到一处登临巡幸、观赏风景都会吟咏诗篇（图 4）。清漪园 100 多处景物几乎处处有诗，可见

图 2　崇庆皇太后万寿庆典图

图 3　三山五园图

图 5　1871 年万寿山前山劫火残照

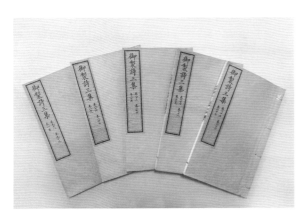

图 4　颐和园藏光绪五年内府铅印本清御制诗文

乾隆对自己倾心营建的这座园林极为偏爱。另外，从历史价值来看，乾隆御制诗对景观的介绍和描写、对季节的记述和把握以及时间的讲述也成为研究清漪园的史料佐证。

1.2　清漪园之浩劫

清咸丰十年（1860 年），万寿山清漪园被英、法侵略军焚毁，在完整存在了 109 年之后，这座园林瞬息之间化为一片焦土，园内珍物散失一空，仅有少数建筑残存（图 5）。

清漪园始建时建筑约有 100 余处，遍布湖山，且形式丰富，几乎囊括了所有建筑类型，咸丰十年（1860 年），只有石牌坊、石桥、山石、碑碣、琉璃砖石、铜建筑等幸存，木建筑只存有转轮藏。根据档案记载，至咸丰五年（1855 年）

图 6　排云殿建筑

图 7　德和园大戏楼

图 8　民国时期颐和园

清漪园内陈设实有 37583 件；另据之后的记载，到同治四年（1865 年），尚存陈设 4725 件，光绪初年（重修园林之前），查得园内陈设有 4618 件，多残破，珍贵文物基本无存。

1.3　颐和园之重现

颐和园的修建工程开始于清光绪十二年（1886 年），整座园林在清漪园的基础上，利用原有山水、建筑和植物规划，按照不同的使用功能，通过复建、改建、新建，保留了清漪园的御苑精华，成为具有办公、居住、游览等功能的行宫。光绪十四年（1888 年）将清漪园更名为颐和园，作为慈禧颐养天年的夏宫。慈禧每年春、夏、秋三季在园内居住。

重修颐和园的建筑工程经费达 500 万 ~ 600 万两白银，设计施工上尽最大可能地保留了清漪园时期的建筑和陈设特点。特别是集中营建了万寿山前山和南湖岛一带，尤以排云殿建筑群和德和园大戏楼的建造最为突出。园林陈设方面，除由造办处制作外，多从其他皇家行宫调配符合颐和园皇家园林身份和特点的陈设器物，将各式陈设重新汇集到颐和园。重建后的颐和园所展现出的规模，仍然是中国皇家园林的上乘作品（图 6、图 7）。

1.4　颐和园之离乱

中华民国建立（1911 年）后，颐和园仍然由清内务府管理，并且在 1914 年对公众开放，但当时只有少部分人可以入园参观。1928 年颐和园被南京国民政府内政部接收管理，成为国家公园。1934 年，为避战乱，园中古物南迁。由民国管理的这二十年间，园林失于修整和管理，逐渐失去皇家行宫的原貌（图 8）。

1.5　颐和园之新生

新中国成立后，颐和园成为人民大众的公园。1950 年开始，颐和园开始进行自光绪二十八年（1902 年）以后的第一次全面整修。1961 年国务院公布颐和园为第一批全国重点文物保护单位。

1990 年底到 1991 年 3 月，在北京市政府组织下，颐和园在冬季进行了对昆明湖自乾隆十四年（1749 年）疏浚开阔后 240 余年以来的首次全面清淤。当时首都各行各业的 18 万人参与到昆明湖清淤的义务劳动中。利用这次清淤实地勘查了清漪园建园之前这片湖面的历史堤岸及湖底的建筑遗迹。

经过几代管理者对于颐和园山形水系、建筑植物、文物文化的保护和研究，1990 年代初，历经 5 年的申报和准备，在 1998 年 12 月 2 日，颐和园这一处珍贵的人类文化遗产，在联合国教科文组织第 22 届世界遗产全委会上，被通过列入世界遗产名录。联合国教科文组织国际古迹遗址理事会主席罗兰·席尔瓦在考察颐和园之后说："我谨代表世界遗产理事会向中国人民表示感谢，感谢你们在过去的年代里在文物遗产保护工作中所做的贡献。如果下次我还有机会再来中国，我将作为人类遗产的朝圣者来朝拜颐和园。"

这座代表着世界几大文明之一有力象征的中国皇家园林——颐和园，自1750年至今，存在了260余年，在漫长的历史岁月中，这座举世瞩目的皇家御苑屡废屡建，历尽沧桑，作为世界文化遗产，今天依然受到世界的关注，成为首都的一张金名片。今天，颐和园更成为中国数千年文明史的一个载体、北京古都风貌的重要组成部分和标志性人文景观之一。颐和园是对中国风景园林造园艺术的一种杰出的展现，其造园思想和实践对整个东方园林艺术文化形式的发展起了关键性的作用。

2 选址布局与造园艺术

颐和园是中国三千年造园史上的最后一座皇家园林，在造园上继承了历代的艺术传统，博采各地造园手法之长，以壮观的山水结构和丰富的园林造景在中国皇家园林中独具特色。园林借助地势，随山依水，自然天成，达到造园的最高境界（图9）。

颐和园的造园主题，是以自然美为核心的风景式园林，它选址在北京西北郊，用瓮山（万寿山）、西湖（昆明湖）撑起园林骨架，占地约300.8hm²，在大自然湖光山色的基础上经过规划加工而建成的一座将自然境界和金碧辉煌宫殿景致合为一体的大型山水园。

2.1 选址

万寿山源于西山一支余脉，地处北京西北部连绵峰峦的腹心地带。园林撷取了湖山得天独厚的地理条件，根据造园的总体要求，用挖湖的泥土填补了山体的不足，形成中高、东西低缓的山形，显露出山的造景优势。

颐和园的选址以水为中心，占全园3/4的昆明湖决定了该座皇家园林以水景为特色。园林在修建之前，首先对天然湖山的原始地貌做全面的改造、加工和调整，在原西湖山水地貌的基础上，拓展昆明湖直抵万寿山东麓，解决了昆明湖的水源和泄水，也消除了原西湖与瓮山"左田右湖"的局面（图10）。

开凿后溪河，并连接于前湖。利用后湖土方堆筑于前山的东端以及后湖北岸，改造局部的山形，最终形成水围山转、山嵌水抱的地貌结构，符合阴阳虚实的园林布局要求，也符合园林生态维系水土平衡的需要。

昆明湖由西山一带的清泉汇聚而成，根据地质学的研

图9 颐和园山水

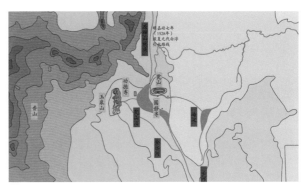

图10 明代瓮山与西湖（瓮山泊）位置示意图

究，湖体已有3500年的历史，与北京城的形成发展有着密切的关系。昆明湖是在天然湖泊的基础上经过自然变迁和历代整治最后于清乾隆时开挖定型的。当时，作为北京城最大的水利工程，昆明湖承担着为城市供水、农田灌溉等水库的功能。

2.2 规划

清漪园的规划者，即第一代园主人乾隆皇帝的规划设计非常明确，在其御制诗《万寿山即事》中叙述"背山面水地，明湖仿浙西，琳琅三竺宇，花柳六桥堤"，提示出清漪园的园林主体规划以杭州西湖的自然风景为模式。

万寿山前山、前湖的规划，是用支堤将昆明湖分为三个水域，各点缀一座岛屿，使湖泊的主次分明。大湖宽千米以上，与万寿山前山的轴线相对，突出昆明湖主体水域的地位。外湖宽五六百米，各以一个大岛作为内聚景域的中心。

万寿山、昆明湖总体规划是以"三山五园"庞大的园林集群为骨架，在建园时一反皇家园林的修造惯例，环湖不设围墙，使园内的景观与园外的香山静宜园、玉泉山静明园、圆明园等园林景观互为借资，彼此构景。从居高临下的香山往东俯瞰，玉泉山、万寿山、昆明湖、圆明园、畅春园前后层次分明，由近及远镶嵌在平畴田野。

2.3 布局

颐和园的景观布局，按其规划和使用性质分成宫廷区和园林区两大部分。宫廷区按照皇家规制设置，在万寿山东南麓、昆明湖东北岸紧接园林东宫门处，占地0.96hm²。园林区占地255hm²，其中水面227hm²，岛屿9.3hm²，山地11hm²，平地7.5hm²，是一个以广阔湖面水景为主、山景为辅的大景区，是颐和园的主体部分。

万寿山前山中央的排云殿佛香阁建筑群，顺山势层层叠落，采取严格的对称布局，形成一条中轴线。从昆明湖岸边的云辉玉宇牌楼开始，通过排云门、二宫门、排云殿、德辉殿、佛香阁，直至山顶的智慧海，使万寿山上下连成一气，构成了用琉璃瓦覆盖的前山主体建筑群。两侧的建筑转轮藏与五方阁向东西两侧分散开去，尺度也逐渐缩小。这一组建

图11　借景西山玉泉山

图12　西湖与颐和园

图13　黄埠墩与凤凰墩

筑群丰富了万寿山原本平淡、呆板的形象，加深了山体和建筑的空间层次。佛香阁雄伟壮观的气势，不仅统领全园各个景点，也成为颐和园的标志。

2.4　造景手法

2.4.1　造景——借景

颐和园的借景是中国古典园林中最有气魄的一例，被列为典范之作。颐和园在选园址时就已考虑到有优美的大自然美景可供借入园内，使得颐和园能远借园西数十里外重峦叠嶂的西山为远景，借林木青葱的玉泉山及山上的玉峰塔为中景，并以园中不同的景点为近景，展现画卷式景观（图11）。

"更喜明月高楼夜，悠然把酒对西山"，尤其是主景点佛香阁在远借的西山、玉泉山衬托下，在大片湖水的倒映中，金碧辉煌、巍峨雄丽，形成颐和园标志性的景观。昆明湖阔大的湖面可远借天空中的天光云影，形成水天一色。

2.4.2　造景——名景移植

清代，乾隆帝六次下江南，让画师描绘其中意的美景，携回仿建在京郊的御园之中。"莫道江南风景佳，移天缩地在君怀"，正是这一时期皇家诸园的真实写照。颐和园的造景不仅摹拟了江南一带的景观，而且移植了全国各地的名胜。以下仅举几例：

万寿山昆明湖的主体设计，以杭州西湖风景区为摹本。乾隆十五年（1750年），画家董邦达在乾隆皇帝的授意下绘制西湖图长卷，透露出乾隆欲在京畿摹仿杭州西湖建园的设想。清漪园湖山尺度与比例、环湖和湖中景点的布局神似杭州西湖，但并非照搬，而是进行了艺术再创造（图12）。

西堤六桥虽仿以苏堤六桥，只是仿照以苏堤六桥分隔西湖为内外两水面，以增加水面的空间层次；且西堤走向是顺其自然在原湖与新扩水面之间随其弯曲更具天然情趣。苏堤六桥桥上无亭，而西堤六桥中，除玉带桥外，其余五桥均设形式多样的重檐桥亭。

昆明湖上的凤凰墩摹拟无锡黄埠墩。黄埠墩的西面隔湖屏列惠山、锡山及山顶的龙光塔，凤凰墩的西北面隔湖屏列西山、玉泉山及山顶的玉峰塔，不仅岛屿的大小位置很相像，周围的环境也颇有神似之处（图13）。

佛香阁仿杭州六和塔，二者虽同为八角形，但佛香阁只是仿六和塔高大雄伟稳固的气势，变十三层塔而为三层四重檐的阁，尤其是佛香阁立于高大陡峭的巨大石基上，凸显皇家风范（图14）。佛香阁高41m，装饰以黄琉璃瓦绿剪边，阁体用八根直通上下的大铁梨木为擎天柱。

颐和园中著名的园中园谐趣园（乾隆时名惠山园，嘉庆更名谐趣园）是仿无锡的寄畅园而建，但此座小园林的外貌并不像寄畅园，只是仿其江南园林的妙境。

十七孔桥仿卢沟桥，但不以卢沟桥那样平直而建成弧形（图15）。十七孔桥全长150m，桥栏望柱上共雕有544只石

图14　六和塔与佛香阁

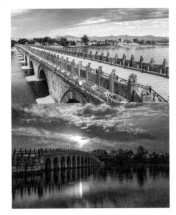

图 15　卢沟桥与十七孔桥

图 17　南湖岛

图 16　苏州街

图 18　四大部洲

狮子。从十七孔桥的中间往两边数，均是 9 个桥洞，象征了皇权的至高无上。十七孔桥在造园艺术中还起到了平衡南湖岛和廓如亭的作用，同时以其大尺度的桥体长度还能起到分割湖面的作用，丰富昆明湖的层次和景致。

万寿山买卖街（苏州街）不是仿某处特定街景，而是仿照苏州一河两街市景特色而建。苏州街全长 270m，以三孔石桥为中心展开，建筑为北方店铺的式样，街上排列 60 余家店铺 200 余间铺面（图 16）。

2.4.3　造景——寓意象征

颐和园辽阔的昆明湖中布置着大小不一的岛屿，而南湖岛（图 17）、治镜阁、藻鉴堂三个大岛在园林平面构图中呈鼎足而立的布列形势，这种造景手法是中国皇家园林两千多年延续下来的一池三山的传统造园模式。用长堤把水面划分为几个区域，打破了昆明湖水面广阔的单调气氛，增加了湖中的景色。

在北京皇家诸座园林中，三海御苑和圆明园都有这种造景模式的规划，由于历史原因，目前只有昆明湖中的一池三山仍然保持原貌，成为古老造园传统在当今的唯一实例。昆明湖大湖中最大的岛屿南湖岛，被象征为蓬莱仙境，岛上主要建筑有涵虚堂、龙王庙等。

万寿山后山中部四大部洲建筑群按佛经中佛居住的地方进行布局。香岩宗印之阁象征须弥山，阁的四方环建四座大部洲。每一大部洲旁分建两小部洲。日台月台分列阁后东西侧。阁东南、东北、西南、西北分建四色梵塔（图 18）。

四大部洲建筑群中仅八小部洲、四色塔为纯藏式建筑，四大部洲及日月台的下部平台为藏式，上部小殿为汉式。汉藏结合的设计突破了中国传统的建筑模式，而以这种独特的形式兼具政治、宗教等多重意义修建在皇家园林重要景区中的大型喇嘛庙，在中国仅此一例。

昆明湖玉带桥的西北面原为一处有着江南水乡风韵的景区，名为耕织图，由延赏斋、玉河斋、蚕神庙、织染局及水村居等颇具江南特色的田园村舍组成（图 19）。乾隆时期，耕织图与东堤的铜牛遥遥相对，象征牛郎、织女，寓意男耕、女织，是皇家造园形象布景艺术手法的表达之一。

古代以耕织图为题材的作品很多，现耕织图景区玉河斋左右廊壁间仍存有乾隆时期的耕织图石刻，其中耕图 21 幅，

图19　耕织图景区

图21　仁寿殿

图20　西堤桃花

图22　乐寿堂玉兰

描绘了水稻从种到收及加工、贮藏的整个过程；织图24幅，描绘了蚕桑生产从养殖到收茧及加工、纺织的整个过程。

2.4.4　造景——花木配景

园林树种以北方耐寒又寓意"长寿永固"的松柏为主，万寿山上松柏常青，雄伟遒劲，把清秀的山、湖带入气势恢弘而又端庄典雅的皇家环境。后山中部寺庙集中，苍松翠柏营造出庄严肃穆的气氛。

颐和园的花木配景是表达景观主题的重要组成部分之一。园中的花木与园林建筑同期规划培育，体现了造园初始时的植物配置。

昆明湖堤岸桃柳成荫，湖面大量养殖荷花，与潋滟的水色相互映衬，体现出江南景色的柔媚多姿（图20）。庭园内以四季花木为主，着重突出植物的寓意，烘托宫廷浓郁的生活气氛。

2.5　造园艺术

颐和园是一座规模宏丽的皇家园林，也是中国晚清的实际统治者慈禧太后长期居住的地方，兼有"宫"与"苑"的双重功能。遵循清代皇家建筑先宫后苑的规制，颐和园的宫廷朝政区设立在正门东宫门处，从东至西依次递进至仁寿殿

（图21），形成一条规整的中轴线，以突出皇权至尊的主题。

作为清代帝后进行政治活动的区域，宫廷朝政区以临朝听政的仁寿殿为中心，两旁分列配殿、九卿房和内外朝房，体例同于紫禁城皇宫。但大殿施以青砖灰瓦，庭院中山石耸立、松柏常青，两侧还建有花台。宫殿的庄严肃穆和庭园的宁静舒适，因高度园林化的设计而被统一在全园的大环境之中。

慈禧、光绪和后妃居住的寝宫区由玉澜堂、宜芸馆和乐寿堂组成，采用中国北方传统的四合院布置，用五六十间迂回曲折的游廊沟通。殿中华贵的陈设，院内重叠的假山，四季不谢的花木，皆显示出帝王之家的奢豪和生活的舒适（图22）。

与仁寿殿和寝宫区相邻近的德和园，是座宫廷剧院，由样式雷第七代传人雷廷昌担纲设计，院内有通高21m的三层大戏楼，在中国京剧艺术的形成发展过程中，曾起到不可磨灭的作用。其建筑规模与结构和声学设计，均有突出的成就。德和园是清代规模最大的一处皇家戏园建筑群。

在前山诸景中，长达728m的彩绘长廊蜿蜒曲折，像绸带一样把前山的各组建筑连接在一起。万寿山前山的布局，就是依靠其中部的排云殿佛香阁建筑群和长廊一横一竖的脉

络、组成颐和园的核心。长廊属双面空廊，景观通透；在空间效果上，起到空间分割作用，使园林空间有机过渡（图23）。长廊贯穿建有象征四季的留佳亭、寄澜亭、秋水亭、清遥亭，营造出曲折延绵的廊势。

万寿山前山脚下是开阔的昆明湖水面。湖的北部，沿着万寿山下的石造堤岸，是一条整齐的白石雕栏，清晰地勾画出山水之间的界线。沿着东部的堤岸，由北向南分布着知春亭、文昌阁、廓如亭等点景建筑。

万寿山的后山与前山的风格境界迥然不同，后山脚下一条曲折婉转的小溪，两岸古树参天，清新秀丽，具有浓厚的江南特色（图24）。沿园北墙堆造一路逶迤的土山，将园外的景色屏障起来。

3 结语

颐和园杰出的园林布局，处处从全园着眼，有主体有陪衬，有对比有细节，建筑多而不显杂乱，景物分布广而不觉分散，在集中借鉴其他品类园林的手法与景观效果时，升华了北京西北郊的自然山水。颐和园的造园艺术，被公认为是中国皇家园林的重要范例。

图 23 长廊

图 24 后溪河

参考文献

[1] 周维权. 中国古典园林史 [M]. 北京：清华大学出版社，2003.
[2] 颐和园管理处. 颐和园志 [M]. 北京：北京出版社，2005.
[3] 王其钧. 中国古建筑语言 [M]. 北京：机械工业出版社，2006.
[4] 朱良志. 中国艺术的生命精神 [M]. 合肥：安徽教育出版社，2006.

The Summer Palace, a Masterpiece of Chinese Classical Imperial Gardens

Yang Bao-li

Abstract: The Summer Palace is currently the largest and most well-preserved Chinese classical imperial garden. Based on systematically reviewing the historical evolution of the Summer Palace, a masterpiece of the art of classical royal garden, the paper analyzes its heritage value and summarizes its artistic characteristics to provide ideas for the protection, restoration and innovation of historical gardens.

Key words: imperial garden; the Summer Palace; the art of classical garden; culture heritage

作者简介

杨宝利 / 1963年生 / 男 / 北京人 / 高级工程师 / 现就职于北京市颐和园公园管理处 / 研究方向为风景园林、公园管理

世界文化遗产的保护与利用
——以北京天坛为例

夏君波　吴晶巍

摘　要: 天坛是我国著名的世界文化遗产单位。本文在对天坛作为世界文化遗产的现状进行分析的基础上,从文物保护、展览展示两方面系统总结了遗产保护和利用的实践工作,以期为整个遗产管理行业新发展提供借鉴和参考。

关键词: 世界文化遗产;天坛;保护;利用

图1　天坛鸟瞰图

作为世界文化遗产单位,天坛一直在努力寻求遗产保护与利用中的平衡点,在按照世界遗产两大原则"真实性"与"完整性"保护与管理的同时,还在积极探寻遗产在新时代、新时期下新的价值与生命力。申遗成功18年来,天坛在遗产保护与利用方面做了很多的工作,有了一些有益的尝试,并取得了突出的成绩,得到了社会各界的广泛肯定与好评。本文仅以文物保护与展览展示两方面为例,阐述天坛在遗产保护和利用中的实践工作,以期能为遗产管理行业的新发展提供借鉴与参考。

1　遗产概况

天坛位于北京市东城区永定门内大街东侧。始建于明永乐十八年(1420年),是中国明清两朝皇帝祭祀皇天上帝、祈谷和祈雨的重要场所,是中国现存最完整的皇家祭天建筑,同时也是世界上现存最大的祭天建筑群(图1)。天坛体现了中国古人的价值观和宇宙观,同时见证了明清以来国家的祭礼制度和礼仪,具有历史、文化、科学、艺术、美学、生态、社会等多重价值。

1918年天坛辟为公园向民众开放。1961年,天坛被国务院公布为第一批全国重点文物保护单位;1998年,天坛被联合国教科文组织评为世界文化遗产;2006年被建设部评为国家重点公园;2007年被国家旅游局评为AAAAA级旅游景区。传承至今已有596年。

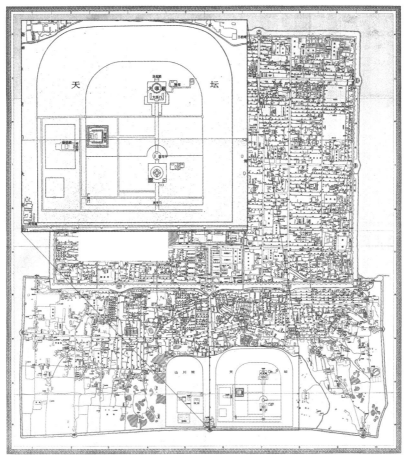

图 2 清乾隆时期北京城图

天坛历史占地 273hm²。初建时仿南京旧制为天地合祀的天地坛，后在明嘉靖时期增建圜丘坛及外坛墙，形成内外两坛格局。清乾隆时期对天坛建筑进行了大量的改扩建（图 2），最终在清乾隆时期形成了"一条轴线、三道坛墙、五组建筑、九座坛门"规模宏大、布局完整的坛庙格局。

一条轴线：一条南北轴线（丹陛桥）将祈谷、圜丘两坛连成一个有机的整体。

三道坛墙：内、外两道坛墙及祈谷坛与圜丘坛的隔墙。

五组建筑：祈谷坛、圜丘坛、神乐署、牺牲所、斋宫。

九座坛门：北天门、西天门、东天门、泰元门、昭亨门、广利门、成贞门、祈谷坛门、圜丘坛门。

天坛现有古建面积 27061m²；可移动文物 12560 件；古树 3562 株，这些古树最早植于元代，多数植于明清时期。

天坛是中国北京的形象标志，也是世界文化遗产，承担着重要的国际政要接待和国内外游客、市民参观游览任务，据统计，"十二五"期间（2011 ～ 2015 年），天坛共接待游客 8218.18 万人次，是北京乃至世界著名的文化旅游胜地。

2 遗产申报

天坛于 1998 年申报并成为世界文化遗产。天坛申报列入《世界文化遗产名录》的理由：

1 The Temple of Heaven is a sedimentary accretion of the Chinese civilization. （天坛是华夏文明的积淀之一。）

2 The architecture of the Temple of Heaven displays in detail the artistic expression characterized by the unique Chinese implied meaning and symbolism. （天坛建筑处处展示中国古代特有的寓意、象征的艺术表现手法。）

3 The Temple of Heaven is a masterpiece involving ancient Chinese philosophy, history, mathematics, mechanics and ecology. （天坛集古代哲学、历史、数学、力学、美学、生态学于一炉，是古代精品代表作。）

联合国教科文组织认定天坛在世界范围内具有突出普遍价值，并依据以下 3 条标准将其列入《世界文化遗产名录》：

（ i ）：The Temple of Heaven is a masterpiece of architecture

and landscape design which simply and graphically illustrates a cosmogony of great importance for the evolution of one of the world's great civilizations.（天坛是建筑和景观设计之杰作，朴素而鲜明地体现出对世界伟大文明之一的发展产生过影响的一种极其重要的宇宙观。）

（ⅱ）: The symbolic layout and design of the Temple of Heaven had a profound influence on architecture and planning in the Far East over many centuries.（许多世纪以来，天坛所独具的象征性布局和设计，对远东地区的建筑和规划产生了深刻影响。）

（ⅲ）: For more than two thousand years China was ruled by a series of feudal dynasties，the legitimacy of which is symbolized by the design and layout of the Temple of Heaven.（两千多年来，中国一直处于封建王朝统治之下，而天坛的设计和布局正是这些封建王朝合法性之象征。）

申报世界文化遗产的成功代表着天坛突出的普遍价值得到了世界范围内的认可。

3　遗产规划

依据《中华人民共和国文物保护法》、《北京市城市总体规划》及参照《世界文化和自然遗产保护公约》，我国在1998年向联合国教科文组织申报世界文化遗产时曾提出《天坛保护规划》10条，分别从实现完整性、档案建立、古建保护与维护、环境与卫生维护、古树名木保护、安全保障和消防、文物收藏和展示、旅游管理、科学研究、教育培训10方面提出了长远的规划，以有效对天坛加以保护。

其中第Ⅲ条，古建保护与维护：要有规划地对古建筑实施保护和维护。鉴于古建筑的维护周期，应每40～50年对其进行一次大修，每15～20年用油漆或涂料修整一次，并随时进行小规模维护。维护工作应注意保护古建筑的原貌和原形；应尽可能使用原始建筑构件，如某些构件需要更换，新构件须为相同材质的构件；维修工作须遵循原始的工艺流程；维护过程中应谨遵不改变古建筑原形的原则。部分庭院中的水泥地面应逐步更换为方砖地面。

第Ⅶ条，文物收藏与展示：收藏文物的保护和特殊主题的展览。应对天坛的古物和文物进行分类，并分别做记录；对其进行评估鉴定和分级，并置放在满足安全、防火、防潮及防虫要求的储存室中进行保存。应指派专门的工作人员照看藏品并定期进行检查。

祈年殿、皇穹宇及神厨内的陈列品应按清朝咸丰年间（1851～1861年）的原貌摆设。关于天坛历史、祭祀舞蹈及相关仪式等的特殊主题的展览应在配有专门讲解员的偏殿中举行。对于露天展示的文物（如青铜器、铁器及石雕等），应设置围栏或其他装置，对其进行保护；并应设置解说牌。

《天坛保护规划》是天坛申报成为世界文化遗产的承诺，同时也是天坛保护与管理的依据。

4　遗产保护

申遗成功十八年来，天坛一直按照申遗文本中提出的《天坛保护规划》要求对遗产实行保护，在文物保护、环境整治、展览展示等诸多方面均取得了突出的成绩。

4.1　文物保护

以文物建筑修缮为例，按照世界遗产"真实性"原则对文物建筑展开有计划、分阶段的修缮与恢复，先后完成神乐署、祈年殿、皇穹宇、圜丘、斋宫、北宰牲亭、北神厨等建筑院落及昭亨门、成贞门、祈谷坛门、圜丘坛门、北天门、西天门、东天门7座坛门的修缮工程，并对因历史上不当修缮造成的不正确现象进行了全面清理和修正，逐步恢复历史原貌。

其中1997年启动了神乐署回收与修缮项目。神乐署是明清时期演习祭祀礼乐的场所，被誉为中国古代最高音乐学府。此前由于历史原因，一直处于被占用状态。此次回收与修缮主要针对其仅存的主体建筑凝禧殿、显佑殿及部分建筑展开。此项工程前后共历时8年，2002年，神乐署搬迁工程结束，拆除建筑85间共2026.72m²；2004年，神乐署修缮工

图3　神乐署凝禧殿修缮前

图4　神乐署凝禧殿修缮后

程竣工并作为中国皇家音乐博物馆开放。作为最高等级祭坛的重要附属建筑，神乐署回收与修缮对遗产保护与利用具有重要的意义（图3、图4）。

2013年，天坛启动北神厨、北宰牲亭修缮工程，此项工程是天坛2005年启动大修工程以来修缮的最后一组建筑群（图5～图8）。以北神厨为例，北神厨是祈谷坛建筑群的附属建筑，为明清时期举行视笾豆典仪之所。20世纪初，最后一次祭天后，这里便失去了原有的功能，20世纪50年代初交归天坛，此后，这里做过图书馆、工业展览厅、群众舞会舞厅。20世纪80年代后，除做临时展陈，未对游客全面开放。此组建筑80年来从未大修过，建筑自然老化严重，部分木构件糟朽，尤其是琉璃瓦和地砖破损非常严重，同时存在历史拆改等问题。严重影响了遗产的"真实性"展示。

此项目修缮的内容主要包括：（1）拆除室内后做的装修及吊顶，恢复室内原地面做法；（2）对屋面进行挑顶修缮，详查大木构件糟朽及瓦件、椽望破损情况，并予以更换；（3）按原制恢复建筑门窗及外檐彩画；（4）重做避雷，新做安技防和消防系统。北神厨、北宰牲亭修缮工程被北京市文物局列为2012年北京市文物局历史文化保护区专项资金项目。此项修缮工程于2015年12月14日完工。

4.2 展览展示

文物展览作为普及文物知识、弘扬历史文化、促进文化交流的有益手段与形式，历来得到广大游客及文物爱好者的喜爱。作为重点文物保护单位，天坛极为重视文物的展览，并充分利用现有古建空间，结合古建历史功能，举办特色文物展览，使天坛文物有了储存空间和展示空间。

自2006年开始，天坛先后举办了如表1所示展览，并作为长期固定展览形式（图9～图12）。

图7　北宰牲亭修缮前

图5　北神厨修缮前

图8　北宰牲亭修缮后

图6　北神厨修缮后

图9　清代祈谷大典陈设

图 10 圜丘祭祀神位供奉陈设

图 11 斋宫无梁殿"大祀斋戒展"

图 12 中国古代皇家音乐展

图 13 北神厨展览

天坛文物展   表 1

展出地点	展览名称	起止日期
祈年殿大殿	清代祈谷大典陈设	2006.4 ~ 今
祈年殿东配殿	祈年殿大展	2012.9 ~ 今
祈年殿西配殿	祭天礼仪馆	2006.4 ~ 今
皇乾殿	祈谷坛祭祀神位供奉陈设	2006.4 ~ 今
皇穹宇	圜丘祭祀神位供奉陈设	2006.9 ~ 今
神乐署	中国古代皇家音乐展	2004.9 ~ 今
斋宫无梁殿	斋宫无梁殿"大祀斋戒展"	2008.1 ~ 今
斋宫寝宫	斋宫寝宫历史原状陈设展	2008.1 ~ 今
北神厨（北殿、西殿）北宰牲亭	北神厨、北宰牲亭"天坛文物展"	2015.11 ~ 今

　　2015 年修缮后的北神厨、北宰牲亭作为天坛内规格最高的文物展馆免费向游人开放。天坛现有可移动文物 12560件，大部分为祭祀用文物，其中真正面世展出的只有 100 余件。辟北神厨、北宰牲亭为展馆为天坛文物提供了"展"和"示"的空间环境，天坛精选出 200 余件文物在此处展出，包括碑刻、钟架、古籍、陈设等。北神厨、北宰牲亭文物展将不定期地换展，展出更丰富的五坛八庙文物（图 13）。

　　明代镏金铜编钟（图 14）：国家一级文物。为古时演奏

图 14　明代镏金铜编钟　　　　图 15　清镈钟　　　　图 16　清特磬　　　　图 17　金莲花

祭天乐舞重要的乐器之一。明代镏金铜编钟原为 16 枚，八国联军侵华时被掠走，此枚为 1994 年印度陆军参谋长乔希上访华时交还天坛收藏。

清镈钟和清特磬（图 15、图 16）：为中和韶乐"金、石、丝、竹、土、木、匏、革"八音乐器中的"金"和"玉"。

金莲花（图 17）：为北神厨北殿展品之一。莲花是佛教八宝之一。莲是百花中唯一能花、果、种子在同一株植物上的，象征佛的"法身、报身、应身""三身"同驻。

5　结语

世界文化遗产在注重保护的同时，也应发挥其现代积极作用，在利用上下功夫，处理好保护与利用之间的矛盾，找到其中的平衡点，以充分发挥遗产的最大价值，是现今及未来需要探讨的共同命题。作为世界文化遗产单位，天坛在遗产保护与利用中率先垂范，做了很多探索与实践，希望能抛砖引玉，从而带动整个遗产管理行业的新发展、新进程！

参考文献

［1］杨振铎.世界人类文化遗产：天坛［M］.北京：中国书店，2001.
［2］曹鹏.北京天坛建筑研究［D］.天津：天津大学建筑学院，2002.
［3］邬东瑶.关于天坛作为文化景观加以保护管理的思考［C］.2013.
［4］天坛管理处.天坛志［M］.北京：中国林业出版社，2002.
［5］北京天坛公园管理处.天坛文物保护规划（2011～2025 年）［M］.2009.

The Protection and Utilization of World Cultural Heritage
—With the Temple of Heaven of Beijing for Example

Xia Jun-bo　Wu Jing-wei

Abstract: The Temple of Heaven is a famous world cultural heritage site in China. In order to provide reference for the new development of the whole heritage management industry, we summarize the practical work in the protection and utilization of heritage systematically from many aspects, such as heritage conservation, exhibition, based on the present situation of the Temple of Heaven as the world cultural heritage.
Key words: world cultural heritage; The Temple of Heaven; protection; utilization

作者简介

夏君波 / 1957年生 / 男 / 北京市天坛公园管理处党委书记
吴晶巍 / 1980年生 / 女 / 北京市天坛公园管理处规划室

以香山静宜园为例谈历史名园的保护、修复与创新

钱进朝

摘　要: 北京香山公园风景优美，自然资源及历史文化遗产丰富，其包括历史名园静宜园和古刹碧云寺等多处全国和市级文物保护单位，是西山风景名胜区和清代皇家"三山五园"的重要组成部分，适逢盛世，为再现昔日皇家园林风采，公园加强历史名园的保护管理，并在保护中不断修复香山静宜园历史景观，同时，适应时代发展需要创新公园发展模式，不断满足公众文化日益增长的游览需求，传承传播香山优秀文化，为北京历史文化名城的建设作出贡献。

关键词: 香山; 静宜园; 保护; 修复; 创新

1 香山及静宜园的发展简史

北京的"三山五园"是清帝的夏宫，是北京西郊一带皇家行宫园囿的总称，分别为香山静宜园，玉泉山静明园，万寿山清漪园、畅春园和圆明园。它们是中国人民凝聚数千年造园经验和造园艺术而形成的物质文化结晶，是中华传统文化的高度浓缩和概括，是世界上首屈一指的园林艺术。它们代表并且体现了北京城几千年的传统文化，尤其是在环境营造和造园艺术方面的核心价值。在世界园林领域里拥有很高的地位，并且越来越广泛受到世人的关注和认可。

香山因何得名，历史上有三种说法。一说源于巨石。相传香山高处有巨石状如香炉，阴雨天时云气缭绕，如香烟袅袅升空，故名香炉山，简称香山。一说源于花香。明朝香山曾有杏树十万株，花开时节，满山雪白，十里飘香，人称"十里香雪海"，香山因杏花香而得名。一说来自佛经。据记载，佛教创始人释迦牟尼佛出生地迦毗罗卫国都城附近有山名香山，释迦牟尼佛在世时其弟子也有如香山修道者。故《华严经》把香山名列第二，成为仅次于须弥山的佛教名山。随着佛教的传入，中国出现了多处以香山取名的佛教名山，北京香山便是其中之一。[1] 无论何种说法，都是中华民族"天人合一"的美好夙愿。

图1　香山勤政殿

图2　香山寺

香山静宜园位于皇家园林集群最西端，居高临下、俯瞰全局。同时香山处于北京西山山脉转折向东的枢纽部位，所属京城西山文化带的核心地理位置，是西山文化带中的八大处、凤凰岭及大觉寺等景区所不具备的特性，香山静宜园是东西向"三山五园"和南北向西山文化带的地缘交汇区域，兼顾山岳风景自然美和巧夺天工的园林美。

香山峰峦层叠、涧壑穿错、清泉甘洌的地貌形胜，又为小西山其他地区所不及。作为具有悠久发展历史和深厚文化底蕴的皇家园林代表，相传晋代葛洪在此炼丹，金代就有"山林朝市两茫然，红叶黄花自一川"的记载。[2]

香山皇家御园的建设记载始建于盛唐时期，沿于辽金，明清加以扩建。金大定二十六年（1186年），金世宗扩建香山永安寺，并修建行宫。明代"西山之刹以数百计，香山号独胜"，[3]这一时期先后扩建了香山寺、碧云寺，修建了玉华寺、洪光寺等。清康熙在香山寺附近建行宫，1745年乾隆皇帝避喧听政，寄情林泉，在其祖父康熙行宫的基础上，营造御园，修建大小景点80余处，御题二十八景，并于1747年赐名"静宜园"，在"三山五园"中得踞一山一园。香山历代皇家园林的营建无不体现"仁者乐山，智者乐水"[4]的中国传统哲学思想。

香山也承载了国家、民族的苦难，1860年、1900年两度被英法联军和八国联军焚毁，名胜古迹、奇珍异宝几乎荡然无存。1956年，香山作为人民公园对公众开放，经过几代香山建设者的不懈努力，园内湮没古迹多有重构，新建景观饶有意趣，山林红叶美不胜收，天工人巧交相辉映，天造地合，钟灵毓秀。远眺香山，淡婉如云，近赏香山，俯仰皆景。

2 基于传承文脉的名园保护

作为盘踞"三山五园"一山一园的香山静宜园，可以说在西山皇家园林群中独具一格。它拥有1500年的人文历史，830年的皇家御园史，其园林史与北京城市史的建设发展基本同步，见证着北京城市发展的更替迭兴，是中国传统文化的缩影。这里曾留下11位帝王的缩影，保存有辽、金、元、明、清等文化遗产、遗存196处，石碑、石刻、石雕80余处，图录、诗文、档案资料蕴藏着丰富的历史信息，大量园林遗存、自然景观、帝王史迹、诗文辞赋是当时文明成就的淋漓展现。可以说，香山是历史留给北京乃至中国的文化宝库。

罗素曾说："中华文明是唯一一从古代保留至今的文明。"[5]香山静宜园所体现的中华文明，其儒、释、道文化元素和基因，是皇家园林帝王御苑的精神内涵，积淀着中华民族最深厚的精神追求，代表着中华民族独特的精神标识。孕育了中华民族宝贵的精神品格，培育了中华民族崇高的价值追求，自强不息，厚德载物，支撑着中华民族生生不息，薪火相传。

图3　香山静心斋

保护历史名园是传承文脉的基石，是中华民族文化自信的基础。传承优秀文化，保护历史名园的文化遗产，对于推动"三山五园"国家级历史文化景区建设和"西山文化带"建设都具有极为深远的意义。

香山静宜园的保护有利于香山文化遗产的保护，梳理文献资料，整治古迹遗址，改善文物保护环境，再现西山胜景；有利于中华民族传统的传承，让广大游客在游园赏景的过程中，享受中国园林艺术、宗教文化、民族精神、哲学理论、传统审美等方面的熏陶，实现民族传统的持续传承；有利于香山生态环境的改善，通过科学严谨的规划，实现景区周边不协调建筑逐步拆除，景区内居民搬迁，从而改善香山的自然生态系统；有利于带动京西区域文化经济的协同发展。[6]

总之，保护香山历史文化遗产，是维系和传承人类文明的共同使命与责任，也是客观历史发展的真实需要。

图4　香山碧云寺

3 历史名园及景观的保护与修复

1956年，香山静宜园作为人民公园正式对外开放以来，园内的风景名胜、文物古迹、古树名木都得到了科学有序的恢复和保护。公园依据《威尼斯宪章》、《保护世界文化与自然遗产公约》及《中华人民共和国文物保护法》等相关公约及法规，开展静宜园二十八景修复的前期研究工作。

首先对修复景点进行现状分析及复原考证，以清样式雷家族的图档资料为依据，结合清张若澄、董邦达、沈焕等绘制的《静宜园二十八景图》等诸多画作及《日下旧闻考》、《帝京景物略》、《冷然志》等相关历史文献记载，与北京现存同时期同类型建筑进行比较，初步确认了清乾隆时期的建筑规格形制。

其次对香山景区的历史遗址进行测绘，参考清工部《工程做法则例》、梁思成著《清式营造则例》等资料，推算出清乾隆时期建筑木构件的尺寸。利用测量数据，计算出古建筑木构件基本模数。同时，绘制图纸，制作出建筑的3D模型。最后通过专家论证，修改完善设计图纸，申报立项，为香山静宜园二十八景修复奠定基础。

截至2016年，公园在北京市政府、北京市公园管理中心及北京市文物局等单位的大力支持下，累计修复历史建筑38处，其中，修复静宜园二十八景13处，有香山寺、勤政殿、雨香馆、栖月崖、绚秋林、翠微亭及玉华岫等景点。此外修复组团及单体建筑25处，有致远斋、昭庙、延月亭及牌楼等处。同时依据"保护一座文物建筑，意味着要适当地保护一个环境。任何地方，凡传统的环境还存在，就必须保护的原则"[7]，加大修复古建的周边环境保护。

2017年公园将开始静宜园二十八景的二期修复工程，对森玉笏、知时亭、鹦集崖、绿云舫、芙蓉坪、霞标磴、唳霜皋等七处景点进行修复。[8]

经过60年的不懈努力，香山静宜园逐步再现清乾隆鼎盛时期皇家园林风貌，香山静宜园二期的修复及完整性格局的推进将展现辉煌时期的完整建筑格局和绚丽风采。

4 历史名园创新发展策略

香山静宜园这座历史悠久、名胜古迹颇多的一代名苑，经过科学有效的保护和修缮，赢得了中外游客的喜爱。被列为北京十大名胜之一，目前被评为国家4A级旅游区，2010年被评为国家重点公园，2012年加入世界名山。伴随香山静宜园二十八景的修复，香山拥有深厚的文化底蕴和巨大发展潜力日益凸显，公园正面临着"生态香山"向"文化香山"发展战略的重大转变。

图5　香山静翠湖

针对香山静宜园二十八景修复建筑的后续利用问题，依据《展陈体系规划》、《文化发展规划》及《旅游发展规划》等，明确了以皇家园林文化为核心，红色文化、民国文化、生态文化为辅助的发展方向。香山公园"十三五"规划确立"具有自然与文化双遗产潜质的世界名山和山林特色的皇家园林"定位[8]。随着广大人民群众日益增长的文化需求，公园破解门票经济，依托文物和文化，着力发展文化创意产业，满足公众文化需求。同时，确立了继续构建"以历史名园为核心的首都世界名园体系"，积极参与"三山五园历史文化景区"建设、"西山文化带"建设，融入京津冀一体化发展格局；优先恢复香山静宜园历史风貌，有针对性地进行环境整治，真实展现香山各时期园林历史风貌，让历史文化与自然生态永续利用，与现代化建设交相辉映，扩大"香山静宜园"、"皇家御苑"的社会认知与世界共识。传播香山皇家园林文化，弘扬中华民族"天人合一"、"道法自然"的精神价值，创新发展模式，共同维护人类共有的精神家园，传承中华民族博大精深的文化，传播中华民族悠久灿烂的文明。

5 结语

香山静宜园作为世界园林、中国皇家园林的代表之一，同时作为北京众多皇家园林中的一员，拥有深厚的历史文化资源，随着香山静宜园二十八景及宗镜大昭之庙的陆续修复，将向世人展现静宜园恢宏壮美的园林意境。我们翘首以待，共同感触东方园林立体的山水画卷，感知中国哲学的独特魅力，感悟中华民族的精神世界。

参考文献

[1] 袁长平，等. 香山公园导览 [M]. 北京：中国社会出版社，2010.
[2] 白雪，晓琳. 香山秋叶别样红 [N]. 人民日报海外版，2010-10-27（6）.
[3] 程敏政. 篁墩集 [Z]. 上海：上海古籍出版社出版，1991.
[4] 孔子弟子及再传弟子. 论语 [Z]. 上海：中华书局出版社，1960.
[5] 罗伯特·罗素. 中国问题 [Z]. 1922.
[6] 吴良镛. 保护好香山就是保护首都历史 [J]. 景观·香山，2012.
[7] 第二届历史古迹建筑师及技师国际会议. 威尼斯宪章 [Z]. 1964.
[8] 钱进朝，袁长平，高云昆，等. 香山公园十三·五规划 [Z]. 北京，香山公园管理处，2015.

The Protection, Restoration and Innovation of Historical Gardens in Xiangshan Park

Qian Jin-chao

Abstract: Beijing Xiangshan Park is famous for the beautiful scenery, natural resources and rich historical and cultural heritage, including historical and ancient temples such as Jingyi Garden and Biyun Temple which were listed as national and municipal cultural relics protection units. It is an important part of the Xishan Scenic Area and "Three Hills and Five Royal Gardens" in Qing Dynasty. To reproduce the old royal garden style and strengthen the protection and management of the historic park, historical landscape of Jingyi Garden has been continuously restored to meet the growing demand for public cultural tour. The inheritance and dissemination of Xiangshan culture contributes to the construction of the historical and cultural city of Beijing.

Key words: Xiangshan; Jingyi Garden; protection; restoration; innovation

作者简介

钱进朝 / 1957年生 / 男 / 北京人 / 毕业于北京市委党校 / 就职于北京市香山公园管理处 / 研究方向为管理

以北海皇家园林为例谈千年古园的传承与保护

祝玮

摘　要：北海皇家园林是中国现存建园最早，延续使用时间最长的皇家园林。1166年，金代帝王在辽代湖泊景致的基础上，按照中国古典皇家园林筑山理水（叠石）的设计手法营建出金代最大的皇家园林；元代初期更直接为忽必烈用作朝政居所，继而成为元朝宫苑的中心，为元大都规划设计的核心。明清两代北海持续受到帝王青睐与精心营建，不断得以传承和发展，如今的北海皇家园林是以清乾隆年间大规模营建形成的鼎盛时期的面貌保存至今。新中国成立以后逐步加强了管理和对古建的维修与修缮，再现了清朝皇室成员游幸驻跸、处理政务的场景，使北海皇家园林基本恢复了清乾隆盛世时的历史原貌。

关键词：皇家园林；北海公园；造园；园林保护；管理

北海皇家园林的开辟历史悠久，著名历史地理学家侯仁之先生"北海最初的开辟，比现在北京城址还要更早些。因为北京早期的城址并不在这里，由于北海开辟成一处重要的风景区之后，北京才从原来的旧址迁移到这里来。所以严格地说，没有北海，也就没有现在的北京城"。著名作家、文学评论家舒乙先生描述"北海就是北京，它是北京的化身；北京就是北海，北海是北京的根"。

1　北海的历史传承与特色价值

1.1　概要

北海皇家园林位于首都北京的中心地区，在故宫的西北角。总面积为68.2hm²，其中陆地面积为29.3hm²，水面积为38.9hm²。主要由琼华岛景区（含太液池）、团城景区、太液池东岸和北岸景区组成，园内制高点为琼华岛山顶，海拔77.24m，标志性建筑白塔净高36m。北海皇家园林是中国现存建园最早，延续使用时间最长的皇家园林。1166年，中国金代帝王在辽代湖泊景致的基础上，按照中国古典皇家园林"筑山理水（叠石）"的设计手法营建出金代最大的皇家园林；元代初期更直接为忽必烈用作朝政居所，继而成为元朝宫苑的中心，为元大都规划设计的核心。之后的明清两代北海持续受到帝王青睐与精心的营建，不断得以传承和发展，如今

呈现在大家眼前的北海皇家园林是以清乾隆年间大规模营建形成的鼎盛时期的面貌保存至今。

1.2　历史沿革与传承

1.2.1　金代

北海作为皇家园林始建于1166年。金世宗完颜雍下令在中都（今北京市宣南一带）城北营建皇家离宫——太宁宫，1179年皇家离宫太宁宫竣工。金世宗之后，金章宗常于此处理朝政，游幸避暑。《明昌遗事》中记载，金章宗钦定"燕京八景"就包括"琼岛春阴"和"太液秋风"（后改称"太液秋波"），沿用至今。

1.2.2　元代

中统元年（1260年）元世祖忽必烈来到燕京并居住在今北海琼华岛处理政务。中统三年（1262年）至至元三年（1266年）期间，元世祖忽必烈对琼华岛进行了大规模的扩建与修葺，并以琼华岛为中心，建起了一座宏伟的新都城——元大都。北海开始成为大内御苑，由原来都城外的离宫，演变为都城内的皇城御苑。这也就是为什么说北海奠定了北京城的基础，是北京城的发源地的原因。1275年，21岁的马可·波罗（Marco-Polo，意大利人，1254～1324年）跋涉4年之久来到中国。幸运的是他得到忽必烈的垂青，在元朝宫廷中一住17年，目睹过元大都最为繁华绚丽的景象。

约在 1299 年，他回国后口述的《马可波罗游记》问世。尽管这部书的真实性一直遭到怀疑，但的确使许多欧洲人开始倾慕东方帝国的富庶和文明，推动了哥伦布等冒险家们努力开辟海上新航线。他在《马可波罗游记》中曾有这样一段对北海皇家园林生动的描写：在皇宫北方，城区的旁边有一个人造的池塘，形状极为精巧。从中挖出的泥土就是小山的原料。塘中的水来自一条小溪，池塘像一个鱼池，但实际上却只是供家畜饮水之用。流经该塘的溪水穿出青山山麓的沟渠，注入位于皇帝皇宫和太子宫之间的一个人工湖。该湖挖出的泥土也同样用来堆建小山，湖中养着品种繁多的鱼类。大汗所吃之鱼，不论数量多少，都由该湖供给。

1.2.3　明代

1406 年明朝皇帝朱棣于明永乐四年（1406 年）下诏迁都北京，在营建北京宫殿、坛庙的同时，对北海御园进行了大规模的修建，用太液池挖出的泥土填平团城前面湖泊，在北海东岸、北岸修建了不少新的建筑。明代中叶，明皇室在北海园林内修建了诸多建筑，并依靠建筑对水域进行分割，从而形成西苑三海的格局，北海御园依旧是明朝皇室活动的主要场所。

1.2.4　清代

清顺治元年（1644 年），清朝军队进占并定都北京，清顺治帝根据西藏喇嘛恼木汗的建议，在万寿山顶广寒殿旧址，修建了白塔并将万寿山改名"白塔山"。清乾隆时期，社会稳定、国力强盛，史称"乾隆盛世"，清帝大兴土木，自乾隆七年（1742 年）至四十四年（1779 年），进行了长达 38 年的大规模营建，规模巨大、工期漫长、耗资无数，先后在白塔山以及东、北沿岸和团城新建各式殿宇、门座及坛庙建筑共 126 座（含九龙壁），亭子 35 座，桥 25 座，碑碣 16 座，重修或改建旧有各类建筑 12 座。濠濮间、画舫斋、镜清斋三处园中园是仿照江南私家园林风格而建造的。除大量新建殿宇外，还多次清挖太液池，增砌湖岸、码头。用大量的湖泥堆筑土山，运进大量北方青石、黄太湖石堆筑假山，铺种草坪，栽种树木，形成了今天的布局。乾隆帝亲自过问每项工程的设计和施工费用，派遣王公大臣主持工程，能工巧匠"样式雷"擅长宫殿样式的设计与制造，在兴建北海园林工程中发挥了重要作用。建成了一座继承中国历代建园传统，博采各地造园技艺之所长，兼有北方园林的宏阔气势和江南私家园林情趣，体现帝王雍容磅礴气势的皇家御苑，奠定了北海今日的园林建筑规模与格局。

1.2.5　近现代

1913 年，随着清朝末代皇帝溥仪退位，西苑北海从此结束了皇家御苑的历史。1925 年 8 月 1 日，北海辟为公园正式向社会开放；1938 年，团城正式对外开放；1949 年新中国成立以后，党和政府十分关心园林事业的发展，每年投入大量的资金，逐步加强管理和对古建的维修与修缮，再现了清朝皇室成员游幸驻跸、处理政务的场景，使北海皇家园林基本恢复了清乾隆盛世时的历史原貌。

1961 年，北海及团城被国务院列为第一批"全国重点文物保护单位"，1992 年被北京市政府评定为北京旅游世界之最——"世界上建园最早的皇家御苑"。目前，北海已列入北京中轴线（含北海）项目并已进入世界文化遗产预备名录。

1.3　独有特色与价值

北海皇家园林作为历代帝王活动的核心场所之一，融合了各时期丰富的历史文化内涵，而最初的皇家园林山水格局仍然完整，其金代形成的"琼岛春阴"、"太液秋波"的美景 850 年后供今人欣赏，这在中国古代三千年皇家园林史上只此一例，在世界园林史上也是非常罕见的。它不仅拥有集大成的园林造景艺术，还有永安寺、白塔、西天梵境、阐福寺、万佛楼、大圆镜治宝寺等一系列宗教建筑，更有静心斋、濠濮间、画舫斋等意境突出、自成乾坤的园中之园。陈放于团城玉瓮亭的巨型玉雕精品"渎山大玉海"和陈放于北岸的火山岩石雕刻的"铁影壁"是珍贵的元代文物遗存；建于明代的大慈真如宝殿，是中国现存三座金丝楠木大殿之一，殿内的金龙藻井也是中国仅有的三个金龙藻井之一，是极其珍贵的文物建筑；位于北岸的琉璃九龙壁，是中国现存唯一的双面九龙壁；快雪堂和阅古楼保存的中国古代历代名家书法石刻更是珍品中的极品。另外北海还有古树近 600 株，其中不乏树龄 300 年以上的名贵古树，画舫斋古柯庭旁唐代槐树树龄已近千年，是北海的"古树之王"。团城上的"白袍将军"和"遮荫侯"也都是北海悠久历史的活的见证。

历史上，北海皇家园林与法国也曾经有过非常紧密的联系。清光绪年间，慈禧太后为了来园方便，自中海的瀛秀园门外，沿中海、北海西岸（出福华门，入北海的阳泽门）经极乐世界，折而向东至镜清斋门前修建了火车轨道，长 1.5km。光绪十四年（1888 年）建成，名为"西苑铁路"。这是中国修建的第四条也是清皇室修建的第一条铁路。据《清史档案》记载：小火车是在北洋大臣李鸿章授意下由直隶按察使天津海关道周馥、候补道潘骏德与法国新盛公司德威尼订购，当时，从巴黎洋厂加工分节装运来华。慈禧太后曾多次乘坐。

综上所述，北海皇家园林归纳总结起来有以下四大独有特色：

一是它作为中国古代都城园同构思想的仅存硕果，北京元明清城市架构的核心和皇城生态、水利的核心，成为中国古代将自然环境与人文环境、城市功能与自然审美高度结合，将皇家园林营建融入都城总体规划，建造理想帝都的生态规划理念和创造精神的杰作。

二是它自产生以来的 850 年漫长历史时期是中华民族和中华文化融合发展的最为关键的历史时期，经历了中国大一统王朝多次朝代更替，见证了多民族自然观、审美观的交流融合，渗透着不同宗教和思想流派的影响，成为各种文化、价值观交流统一在中国古典园林艺术上的结晶。

三是它作为中国现存唯一的皇城御园，为已消失的延续了两千多年的中国皇家园林营建传统提供了特殊见证，是中国封建帝国自12世纪至20世纪初皇家园林设计发展变化的载体；800年间作为中国政治生活的核心场所之一，也为包含祭祀、议政、庆典、游幸的中国封建帝王宫苑生活提供了独特的见证。

四是它上承宋代遗风，历经金元明清，承载了中国两大造园艺术高峰期——宋末和清乾隆年间的园林风格，见证了中国最后几个朝代统一延续中又有变化的皇家园林营建传统，在发展中积淀了深厚的中国历史文化和美学内涵，集大成地继承和体现了中国古典皇家园林传统设计手法和艺术特色，汇集了园林建筑和造景精品，成为世界罕见的皇家园林的杰出范例。

2　北海的保护与管理

北海皇家园林自肇建至今，历朝均有不同程度的修建。新中国成立后，即为国家所有。有关部门对北海的保护工作十分重视，对园内文物古迹和环境进行了多次修缮并加强了日常养护。如今北海皇家园林属于北京市皇城保护区和北京市内25片历史文化保护区的景山保护区内，作为国家级重点文物保护单位，受到《中华人民共和国文物保护法》等有关法律、法规的保护。

2.1　科学、高效搭建管理机构，深入挖掘历史文化资源

北海公园隶属于北京市公园管理中心，园内设13个职能部门和8个队，在职职工508人。北海拥有深厚的历史文化积淀，充分挖掘和利用这些宝贵的历史文化资源，对弘扬和培育民族精神，提高民族自信心和自豪感，丰富广大群众的精神世界具有十分重要的作用。多年来，公园先后修缮了琼华岛、小西天等历史景观，整饬了九龙壁、东岸等景区绿化环境，恢复了承光殿、智珠殿等殿堂景陈，全面展示了北海固有的历史文化特色，有效地保护了文化遗存，弘扬了中华民族的传统文化，受到了广大中外游客的赞赏与肯定。以"打造品牌，弘扬民族传统文化"为原则，突出北海特色，夏季荷花展、秋季菊花展等已成为享誉京城的传统文化活动，是北京市民文化生活中不可缺少的盛事。此外，公园坚持常年举办小型、高档、有特色的各种文化交流活动和展示，通过丰富多彩的文化活动向市民、向游客提供文化大餐。

2.2　发挥教育示范与学术培养作用，坚持服务宗旨，推进公园可持续发展

公园多年来始终坚持以人为本、服务游人的建园理念，逐渐形成了中、英、日、韩、西班牙语等多语种的讲解导游队伍，多层次满足游客不同的文化需求，向全世界游客宣传

中国古代历史与园林文化；北海公园还先后被命名为青少年爱国主义教育基地、科普基地、军民共建示范基地、大学生教育实习基地、红十字会教育基地等，为北京市中小学、全国各地二十余所大专院校提供了教育实践的场所，为中国建筑学发展和建筑师培养作出了突出贡献。

2.3　景区资源保护到位，自然与文化资源得到有效保护

多年来，依据《北京市公园条例》、《北京市实施〈中华人民共和国文物保护法〉办法》、《北京市历史文化名城保护条例》等法规与条例，陆续编制了《北海总体规划》和《北海文物保护规划》，加强了对北海皇家园林历史文化和文化遗产价值的挖掘与研究，同时还通过完善管理机制、增加专业技术保护人员、加大资金与设备投入等手段，为这一具有世界遗产价值的皇家园林的保护、管理、展示和合理利用提供了法律、制度和管理上的保障。

公园以有效保护历史文化资源和自然生态资源为重点，每年都要明确制定环境和资源保护目标，对古树名木、绿地植被、景观水体、文物古建等实施一级标准管理，使景区环境和资源得到有效保护和合理利用。坚持"继承而不泥古，发展而不离宗"的原则，稳步推进古建修缮复原工程，严格规划论证，科学安排，精细施工。在材料选择上坚持环保可持续，在工艺手法上坚持传统与现代相结合，确保了文物、古建等"修旧如旧"；对公园584株古树全部实行卫星跟踪定位，建立档案，保护率达100%；公园发掘和整理自然与人文资源，先后完成了《乾隆咏西苑北海御制诗》、《北海匾联石刻》、《北海阅古楼三希堂法帖石刻》等一系列书籍的编纂出版工作。在有效保护的前提下，逐年完善道路交通、饮食、商业网点等基础设施，努力实现保护古建环境与发展文化创意产业的良性循环。

3　结语

北海皇家园林，历经五朝的皇家御苑保留至今，其特有的历史价值、园林价值、文物价值、科学价值，赋予这座古老皇家园林极其丰富的文化内涵。历史上与北海同期的皇家宫苑，大都毁于朝代更替，只有北海历经沧桑至今仍风姿犹存，成为中华民族乃至世界人类历史文化宝库中独具魅力、不可替代的珍贵遗产。保护好这座历史悠久而又完整的皇家御苑，对于再现皇家园林风貌、辉煌北京古都风采、弘扬中华民族文化、传承人类历史文明有着极其重要的历史意义和现实意义。如今的北海仿佛镶嵌在首都的一颗璀璨明珠，在喧嚣的现代都市中显出一份难得的从容和美丽！而这份从容与美丽是历届北海人辛勤努力和点滴构建而成。相信在我们的共同努力下，这座古老的皇家园林将焕发新的勃勃生机，继续为人类文明发展贡献出其应有的巨大作用。

参考文献

［1］北海景山公园管理处.北海景山公园志［M］.北京：中国林业出版社，2000.
［2］沈方、张富强.北京中轴线历史文脉》［M］.北京：金城出版社，2011.
［3］张富强.皇城宫苑［M］.北京：中国档案出版社，2003.

The Inheritance and Protection of Ancient Gardens with the Royal Gardens of Beihai for Example

Zhu Wei

Abstract: Beihai Park is a royal garden which has the longest history in the extant gardens. Based on the lake scenery in the Liao Dynasty, according to the design technique of Chinese classical royal garden "building mountains and water", the Chinese Jin emperor built the largest imperial garden in 1166. It used to be the official residence directly by Kublai at the beginning of the Yuan Dynasty, then became the center of the palace and the core of Yuan Dadu. Under the careful construction of the Ming and Qing dynasties, it gained inheritance and development. After the establishment of new China in 1949, the management and the maintenance and repair of ancient architecture were strengthened. Through these measures, Beihai royal garden returns to the historical appearance in Qianlong period of Qing Dynasty.

Key words: royal garden; Beihai Park; landscape architecture; garden protection; management

作者简介

祝玮 / 1963年生 / 男 / 北京人 / 助理馆员 / 毕业于中共中央党校 / 就职于北海公园管理处 / 研究方向为古典园林文化

浅析皇家园林颐和园"样式雷"图档与造园艺术

赵丹苹 翟晓菊

摘 要: 颐和园是"样式雷"图档设计中的经典园林遗存,成为展示和研究"样式雷"建筑设计思想、实施制作及工艺流程等珍贵的实物标本;颐和园"样式雷"图档印证了皇家园林清漪园到颐和园这一历史时期造园艺术的发展和变迁,是研究、复原清代皇家园林的重要佐证。

关键词: 清漪园;颐和园;"样式雷"图档;造园艺术

颐和园"样式雷"图档指现存于世的以"雷氏"家族为主绘制的清代清漪园、颐和园建筑图样及相关档案文献,包括图纸、烫样、随工日记、做法册、销算册等,它们是唯一的、系统的皇家园林建筑工程图档,是研究、复原清代皇家园林的唯一原始建筑图档资料。在现遗存2万多件"样式雷"图档中,已发现与颐和园相关的工程图档约有700件,其中中国国家图书馆收藏530余件,中国第一历史档案馆收藏70余件,故宫博物院收藏60余件,另外,颐和园管理处、中国国家博物馆、清华大学、首都博物馆等单位也有少量收藏。"样式雷"图档的发现和颐和园建筑的传承是中国皇家园林建筑史上最翔实、最直观的实物资料,它们对中国古典皇家园林的研究以及相关文物建筑的保护、复原等有着巨大的学术价值和不可替代的实用价值,反映了中国古典皇家园林达到最后一个高峰时期的全面成就;而中国古典皇家园林颐和园的完整遗存,又真实地展现了样式雷图档设计、实施的历史过程,促进了样式雷图档和颐和园建筑的研究、保护和利用。

皇家园林颐和园源于清代两个历史时期,一是乾隆时期建造的清漪园,二是光绪时期修造的颐和园。颐和园的山水布局及园林环境形成于清乾隆时期,清漪园是现存颐和园的基础,是园林的初始设计;颐和园是这些设计历经了百年之后的实物遗存,是清漪园的历史延续。尽管颐和园沿袭了清漪园的山形水系,尽管颐和园与清漪园有许多的相似之处,但是这两座园林处在两个不同的历史时期,有着不同的园主人,有着不同的造园艺术风格、建园目的和建筑功能,因此,颐和园的造园艺术是在清漪园废基上建造的皇家园林,不是简单的重修。

1 颐和园建筑历史及传承变迁

颐和园的建筑布局和建筑形式奠基于清乾隆十五年(1750年),其前身清漪园,是北京西北郊三山五园中最后出现的一座皇家园林,咸丰十年(1860年),与三山五园同被英法侵略军焚毁。由于清宫档案中尚未见修造清漪园工程完整档案,关于清漪园的建筑情况,学术界一直沿用《日下旧闻考》及清华大学周维权教授所著《颐和园》中的成果,综合了清代现行《万寿山工程则例》(国图善本部藏)、《高宗纯皇帝御制诗集》(颐和园藏光绪五年印本),清宫档案《乾隆十九年清册》、内务府《陈设清册》、内务府《修缮黄册》等,颐和园建筑的历史及传承综合如下:

颐和园的前身清漪园始建时的建筑约有100余处,主要以寺庙建筑为主,宫廷和游憩建筑其次。各座建筑分布区域:万寿山前山中心部位为大报恩延寿寺建筑群,包括天王殿、大雄宝殿、多宝殿、佛香阁、众香界、智慧海、转轮藏、宝云阁,寺的东下方为慈福楼、西下方为罗汉堂,是一组大型的寺庙。万寿山后山中心部位由下向山顶依次为须弥灵境、四大部洲,香岩宗印之阁为一组汉藏结合式寺庙建筑。香岩宗印之阁左为云会寺,右为善现寺。

万寿山山顶东部有千峰彩翠,东头为景花阁,西头为清音山馆。万寿山前山东部有含新亭、意迟云在、餐秀亭、重

图1　颐和园万寿山中部建筑群

图2　被毁后的清漪园万寿山中部建筑群［1871年，（英）约翰·汤姆逊摄］

图3　清漪园大报恩延寿寺

翠亭及写秋轩一组建筑。西部有邵窝、绿畦亭、云松巢及澄辉阁一组建筑。前山与湖岸之间，大报恩延寿寺以东有养云轩、无尽意轩，邀月门至长廊东段中有二亭，中段南接临湖之对鸥舫。大报恩延寿寺以西有山色湖光共一楼、听鹂馆、浮青榭、蕴古室、长廊西段至石丈亭中有二亭，中段南接临湖之鱼藻轩（图1～图3）。万寿山东麓下有赤城霞起，山东北有惠山园、霁清轩。西麓下有西所买卖街、旷观斋、延清赏、贝阙、荇桥，隔河有小西泠长岛，有水周堂、五圣祠。西麓下西南湖岸有寄澜堂，西接石舫。万寿山后山、后溪河之南，东有澹宁堂一组建筑、六兼斋、多宝琉璃塔一组建筑，西有绮望轩一组建筑、味闲斋、贮春园、构虚轩各组建筑。后溪河三孔石桥左右南北两岸有买卖街，桥西北岸有嘉荫轩、看云起时。

万寿山下东南有勤政殿一组建筑、玉澜堂一组建筑、夕佳楼、宜芸馆一组建筑、怡春堂一组建筑、茶膳房等。昆明湖东岸北端有文昌阁、耶律楚材祠，岸边小岛上有知春亭。东堤有廓如亭，有长桥与南湖岛相接，东堤南头有绣漪桥。南湖岛上有广润祠、望蟾阁、鉴远堂、月波楼澹会轩。南湖中凤凰墩小岛上有会波楼。昆明湖西堤有柳桥、桑桥、玉带桥、镜桥、练桥、景明楼、界湖桥。昆明湖西湖南部湖中岛上有藻鉴堂一组建筑，湖西岸有畅观堂一组建筑。北部湖中有治镜阁。昆明湖西湖西北有耕织图一组建筑。清漪园有大宫门、二宫门，均有朝房，居于勤政殿前。有北楼门在后溪河三孔石桥之北，居于后山中轴线上。有西宫门在后溪河西头之西。有东北如意门内达霁清轩。另有进膳门。园墙东起文昌阁，经大宫门，绕惠山园，经东北如意门、北楼门，西达西宫门。昆明湖东、南、西三面俱无围墙，以昆明湖水作为天然屏障。

嘉庆时期，清漪园惠山园更名谐趣园，园内添建涵远堂，载时堂改为知春堂，澹碧斋改名澄爽斋，就云楼改名瞩新楼，另建澹碧敞厅；拆除南湖岛上望蟾阁，改建涵虚堂；拆除乐寿堂西院乐安和。道光年间，拆除昆明湖凤凰墩上的会波楼。道光十八年（1838年）六月十四日，构虚轩失火被毁。道光二十四年（1844年）一月初七日，怡春堂失火被毁。

咸丰十年（1860年）"英法联军"烧毁清漪园建筑，在清宫档案中无记载，学术界清同治三年（1864年）《清漪园山前山后与湖河道功德寺等处陈设清册》（中国第一历史档案馆藏）等历史档案内记有建筑名称40余处，依火烧清漪园时之存者之说，其中列有大佛宝殿及广润祠之名称，据清咸丰十一年（1861年）三月二十五日内务府会同太常寺奏折中述："昆明湖龙神祠殿宇祭器俱无存，本年春季致祭时，令清漪园事务处支搭席棚，立龙神牌位致祭"，可证实广润祠被毁。因此，该文档不能作为颐和园历史建筑的传承依据（图4）。

考证现存实物，颐和园中石牌坊、石桥、山石、碑碣及琉璃、砖石、铜铸建筑是清漪园时期原物。根据清漪园被焚后的老照片以及重修颐和园的工程纪录等材料，可明确清漪园幸存的木结构建筑有20余处，这些建筑在修建颐和园时

图4 园博馆藏品，被毁后的清漪园万寿山中部建筑群（1884年）

有些进行了重修，如养云轩，基本保持了清漪园时期的建筑尺寸和形式；有些进行了改动，如听鹂馆戏楼改变了位置，转轮藏建筑群两座亭式建筑中的两座木作轮藏改变了供佛的形式；有些则任其荒废成为遗址，如治镜阁、景明楼等。

2 颐和园建筑工程及设计

清光绪朝，慈禧太后挪用海军经费和其他款项在清漪园的废墟上建造颐和园，通过考证历史档案文献及"样式雷"图档设计将颐和园建造主要概括为以下几大工程：

2.1 水操工程

光绪十一年（1895年）九月，清政府成立海军衙门，以醇亲王奕譞总理海军事务。光绪十二年（1886年）八月二十七日，奕譞奏请恢复昆明水操，同时声明为恭备皇太后阅看水操，拟将万寿山暨广润灵雨祠旧有殿宇台榭并沿湖各桥座、牌楼酌加保护修补以供临幸。慈禧当即准奏，并指示"复昆明湖水操内外学堂"。从奏请恢复昆明水操之日，水操内外学堂就分别在清漪园水村居、耕织图旧址上破土动工，并于光绪十二年十二月十五学堂开学前竣工，历时4个月，是修建颐和园的第一批工程。

2.2 阅操工程

在奏请恢复昆明水操的同时，另外一批工程，即在恢复水操奏折上提及的那些恭备皇太后阅操而建的工程，称之为"阅操工程"，也拉开了帷幕。据上述《清单》有关工程进

展的描述和慈禧太后来园阅操的时间[①]，这批工程应于光绪十五年（1889年）三月前全部完成。

2.3 "佛宇、正路"工程

据中国第一历史档案馆所藏《水操学堂开学、排云殿供梁情况折》等档案记载，就在水操学堂开学的同一天，排云殿、德辉殿、后山佛殿分别举行了供梁仪式。但在光绪十三年（1887年）的《清单》中并未出现上述三处建筑。我们推测：可能因管理机构或资金来源不同，排云殿等三项工程未列入光绪十三年的《清单》。在后来的停工懿旨中提到的"佛宇及正路殿座"，就是后山佛殿与排云殿组群。据《工程清单》[②]记载[③]，这些"佛宇、正路"工程一直持续到光绪二十一年（1895年）。

2.4 颐养工程

在上谕颁布的同年，颐和园修建工程处算房会同样式房按设计方案拟定了颐和园修建工程的《做法钱粮底册》和《工料银两细册》，其中共有"56项"工程，囊括了"阅操"和"正路"工程之外的全部工程，由工程公开的上谕可知这批工程是为慈禧归政后的颐养所修，故称之为"颐养工程"。根据上述《底册》和《细册》统计这些工程共用银三百一十六万六千六百九十两八钱三分三厘。从时间上可以看出早在"阅操工程"开展的同时，颐养工程的勘查、设计工作已经开始，并绘具成图，如德和园大戏楼、佛香阁、谐趣园以及东宫门外大量配套建筑等（图5）。

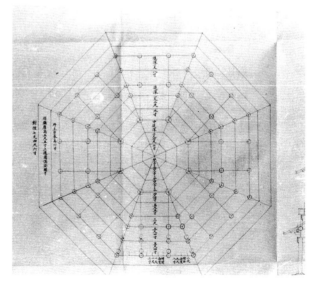

图5 佛香阁地盘样

---

① 光绪十五年（1889年）三月二十三日，帝后"临幸颐和园，阅神机营水操"，但见"队伍整齐，实深嘉悦"。
② 藏于中国第一历史档案馆，《工程清单》是对颐和园工程进展情况的记录，恭备慈览，每五天一记，始于光绪十七年（1891年）一月，截止到光绪二十一年（1895年）五月。
③ 光绪二十年（1894年）八月"排云殿安钉内檐装修"、"香岩宗印之阁头停调脊布琉璃瓦已齐"；光绪二十一年（1895年）五月德辉殿仍在"接安内檐装修"。

42

2.5 万寿点景工程

光绪二十年（1894年）十月初十日慈禧六旬"万寿"，为在颐和园举办庆典受贺，内务府提前两年筹办，拟由紫禁城西华门到颐和园东宫门沿途搭建六十段点景房屋、戏台，同时园内各处殿宇、门座亦搭彩加以点缀。最后虽因甲午战败，庆典移至宫中举行，但点景工程的画样已由雷廷昌设计完成，并分包各大木厂实施。据统计，此次万寿庆典所费白银不下一千万两，大约是颐和园建造工程费用的两倍（图6）。

2.6 其他工程

根据《工程清单》的记载，发现尚有当年实施的工程但未在上述各批次项目之内，如介寿堂、清华轩、贵寿无极、电灯公所以及部分殿座添修的耳房、净房等。盖为在工程进展中，慈禧太后根据功能需要临时进行的调整（图7）。

通过上述颐和园建造的工程过程，我们可以看到：颐和园的修建虽然利用了清漪园始建时的建筑基础，但并没有进行复原，而是按照颐和园功能有计划、有步骤地重新进行了规划设计和建造，这一点，在"样式雷"颐和园图档的设计中表现得更为清晰。20世纪80年代末，在颐和园的杂物库房中发现一张"样式雷"设计的《清漪园地盘图》（图8），这张图纸没有年代，但此图中大部分地方标示的是清漪园时的建筑名称，在昆明湖西部耕织图的位置设计为海军学堂，上面有红色帖，因此，我们可以得知该图是颐和园修建早期的设计图纸，可以作为颐和园建筑设计和建造实施过程的重要考证。

图6 光绪二十年"万寿点景"画样

图8 清漪园地盘图

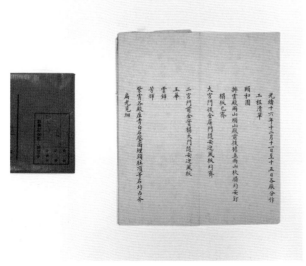

图7 颐和园工程清单

3 颐和园建筑的设计、建造与造园艺术的转变

颐和园的造园艺术相较于清漪园的造园艺术具有较大的风格转变。清漪园的造园艺术风格表现为以摹借名胜山水、宗教气氛浓郁、祈福主题明确为特征，而颐和园的设计、建造由于园林的使用主体、使用功能和使用需求较之乾隆时期发生变化，再加上经济投入的减少，使得颐和园造园艺术更为符合福寿主题和颐养冲和的氛围。

3.1 园林建筑因地制宜的重建与改建

最能体现颐和园建筑重建与改建的是万寿山中部的大报恩延寿寺。"样式雷"颐和园图档涉及该组建筑的重建和改建方案很多，特别是对佛香阁的复建设计和对排云殿的修建设计，从中可以看到这组建筑重建和改建的过程。中国

图9　排云殿组群效果示意图

国家图书馆舆图部藏《清漪园大报恩延寿寺全部地盘图样》（国355-1827），该图没有标录年代，图中绘制出9座殿宇楼座，与《钦定日下旧闻考》（《钦定日下旧闻考》卷84"国朝苑囿"）、嘉庆二十三年（1818年）四月'清漪园大报恩延寿寺粘修殿宇房间需工银两'（内务府来文修建工程2053包）、'清漪园大报恩延寿寺等座牌楼粘修销算银两总册'（中国第一历史档案馆藏内务府黄册类168号）、嘉庆八年（1803年）《清漪园大雄宝殿前牌楼等座粘修销算银两册》（内务府黄册类160号）、"清漪园大报恩延寿寺前拆换旗杆二座销算银两册"（中国第一历史档案馆藏内务府黄册类172号）等文献档案记载相同，但图中绘制的房间与游廊间数及碑亭、牌楼均与上述档案不符，图中除大雄宝殿两侧的建筑还保留着罗汉堂（颐和园时改为清华轩）、慈福楼（颐和园时改为介寿堂）原样外，中路的建筑布局与现在大致相同。我们认为，这张图绘制的不是清漪园大报恩延寿寺的原样，而是慈禧修建颐和园前规划建造万寿山中部佛香阁景区的地盘图，图中大报恩延寿寺的上部保持了清漪园时的建筑原样，下部是改建排云殿的初步图样。国图还珍藏着数张《清漪园大报恩延寿寺地盘全图》，其中343-0694号是在上一张"全部地盘图样"上增加了拟修及拟改的尺寸，图上罗汉堂与慈福楼处变成空白，说明当时两组建筑群修建的方案还尚未敲定。在国图343-0693号图中，已完整地标示出排云殿建筑群的形式与尺寸。排云殿（图9）建筑于光绪十二年（1886年）十二月举行上梁仪式，颐和园于光绪十四年（1888年）命名，以此推测，上述三张图应该绘制于光绪十一年（1885年）左右，图纸出现的序列年代，正好反映了大报恩延寿寺的建筑演变过程。对于佛香阁建筑，现行所有的说法都是按原样复建，我们通过对建筑进行现状勘察并考证、分析了大量的工程清单、修建档案和陈设档案，认为：光绪时期复原了佛香阁的外形，但改变了建筑的内部结构。

万寿山前山的中心建筑由大报恩延寿寺的庙宇建筑变为以备慈禧万寿庆典受贺用的排云殿院落；原罗汉堂、慈福楼两组佛寺建筑改建为清华轩、介寿堂两组园林居住庭院；原

昙花阁佛寺，改建为观景建筑景福阁；将具有礼佛功能的原乐寿堂二层建筑改建为居住和理朝功能的一层院落；原西所及小西泠取消了买卖街，而建成园林建筑；这些因地制宜的改建和重建都大为减少了寺庙建筑，增加了生活建筑，宫廷建筑成为颐和园时期的主位。

3.2　园林建筑进行服从功能要求的新建

德和园是颐和园中服从功能要求新建的典型案例。颐和园在清漪园时期建有一座听鹂馆小戏台，慈禧修建颐和园时将其进行了重建，但听鹂馆小戏台仅有两层，满足不了为慈禧饰演大戏的需要，于是在光绪十六年（1890年）底选择了清漪园怡春堂的遗址，专为慈禧建造了一组包括四进院落，以大戏楼为主体的戏院建筑群，命名为德和园。德和园的大门、大戏楼、颐乐殿（看戏殿）、庆善堂（后罩殿）、垂花门等建筑物依次布置在南北轴线上，大戏楼包括三层大戏台和两卷扮戏楼两部分。中国第一历史档案馆藏《颐和园工程清单》对德和园的修建从光绪十六年（1891年）底刨槽开始到光绪二十一年（1896年）工程结束，有每五天一报的详细记载，从中可以看到德和园建筑工程从开始到完成的整个过程。而"样式雷"图档又很清晰地展示了德和园建筑群的设计方案和修改过程。如：国图藏样式雷画样144-026，是一张大戏楼的结构剖面图，画样中大戏台和扮戏楼的结构形式与现存德和园建筑极为相像，只是扮戏楼仅有一卷，与现存两卷的建筑有差异，可以认定为是大戏楼的初始设计方案；国352-1581、国339-0240所示，扮戏楼均为两卷，但前者两卷的通面宽稍广于现存的大戏台。而后者的设计与现存建筑相同，也就是设计实施的方案。颐乐殿在初始的设计中称"看戏楼"，国图藏352-1581显示"看戏楼"面宽五间、前后廊，两侧各有面宽三间、前后廊的穿堂门一座，看戏楼及穿堂南向全为"玻璃隔扇"。现存的德和园烫样，显示"看戏楼"为二层。国图藏339-0240显示了"样式雷"的第二个设计："看戏楼"改称"看戏殿"，建筑面宽七间，只在明间安置隔扇。考察现存一层的"看戏殿"（颐乐殿），并与"样式雷"图档及历史数据相互论证，我们认为：德和园的初始设计，沿用了前朝大戏台的建筑形制，但在修建时为迎合慈禧看戏功能的要求，将看戏楼改为看戏殿，建筑并未降低高度，反而更加华美，突出了晚清建筑的时代特征。

3.3　囿于经济因素的弃建

位于昆明湖西侧水域中心的治镜阁是清漪园昆明湖西部的重要建筑，1860年因在湖心未毁于战火，但是年久失修，逐渐荒落。在修建颐和园时考虑到其对于整个西区乃至向西沟通玉泉山的景观枢纽作用，曾计划重修，并留下了遗址勘测图、改建方案等大量材料（图10、图11）。而最终在权衡其对核心区的景观影响和投资后，决定放弃。光绪十三年（1887年），拆毁建筑将木料移作万寿山工程之用。在外国人拍摄的一张清漪园被毁后的历史照片（图12、图13）上可

图 10 治镜阁烫样（故宫博物院藏）

图 11 颐和园治镜阁画样

图 12 1870 年清漪园 – 绣漪桥，可见西堤上的景明楼

图 13 园博馆藏，1884 年拍摄的绣漪桥

以看到，昆明湖西堤南部的景明楼未被战火焚毁，在光绪修建颐和园时被弃建，1992 年按照"样式雷"的设计进行了复建。据国图藏"样式雷"图档 337-0153、339-0204 显示：景明楼为面宽三间周围廊四出抱厦，南、北配楼为面宽三间周围廊。景明楼前有月台，前后有码头。国 139-006 显示：景明楼为面宽三间前出抱厦，左右各有一耳房一间。南、北配楼为面宽三间周围廊。景明楼前无月台，显然是前者的简化方案。由此可知：光绪时所作重修方案至少有两个，但因经费不足等问题均未实施。

3.4 园林艺术空间的植物造景

植物景观是构成皇家园林颐和园园林艺术景观的重要因素之一，花木配置无不植物景观、花木配置不仅具有一般园林共有的属性，注重植物的色香姿韵和花木的四时变化，同时作为古典宫苑中的庭院，体现出皇家园林典雅舒适的景观环境和富贵长寿的美好寓意，还兼具皇家园林与江南私家园林的双重特性，有其独特性。首先，在注重情景交融的自然审美的支配下，继承了中国古典园林自然与人工相结合的艺

术手法，最大程度地体现出清代皇家园林植物配制与花木造景的典型要求，重视体味植物的文化内涵和道德寓意，从中获得精神的净化和升华。乐寿堂庭院对称的花台植有玉兰、海棠、牡丹，均为花木之上品，"玉兰，宜种厅事前。对列数株，花时如玉圃琼林，最称决胜。""昌州海棠有香，今不可得；其次西府为上，贴梗次之，垂丝又次之。"又有"牡丹称花王，芍药称花相，俱花中贵裔。"如此名贵花木积聚一堂，象征"玉堂富贵"，与象征"六合太平"铜陈设一起，更加丰富了乐寿堂院落的文化内涵。其次，通过植物配景营造多变的空间感，形成亲切宜人的氛围。从乔木、灌木到花坛草坪，从独立成株的花木到攀缘缠绕的箩架，从扬仁风高大的松柏到前院较高的海棠、玉兰，从灌木牡丹到草本白芍再到藤本的紫箩，丰富的植物景观营造了乐寿堂丰富多变的空间景观。第三，园内种植有大量开花、结果类树木，数盆盆栽名花加以点缀的植物空间特征，渲染愉悦闲适的生活情趣。慈禧太后平生酷爱鲜花，因而凡是园内寝宫、朝堂、戏厅及大殿等处，均点缀名花，常年不绝，"只有勺园一片石，宜人常逻紫芙蓉"再现了芙蓉之艳；院内栽植柿子树等结果

类树木，秋至果香，触手可及，愉悦闲适的生活气息萦绕在园林内。

4　结语

颐和园是中国皇家园林的经典代表，因其珍贵的文化遗存被列入《世界文化遗产》，成为展示和研究"样式雷"建筑设计思想、实施制作及工艺流程等最珍贵的实物标本。颐和园作为晚清皇家园林的代表无论在园林空间的氛围营造上，建筑造型的变化上还是花木配置的造景上都勾勒出了清漪园到颐和园园林艺术发展的脉络，而"样式雷"图档正是这一历史时期的重要佐证，它使这座举世闻名的中国皇家园林内涵更加鲜活和真实，历史传承有理可依、有据可循，为保持颐和园这座世界文化遗产的历史性、真实性、完整性增添了重要一笔。

参考文献

[1] 清宫内务府黄册、陈设册、活计档、奏销档、上谕档等. 中国第一历史档案馆.
[2] 颐和园《工程清单》. 中国第一历史档案馆.
[3] (明) 刘侗、于奕正. 帝京景物略. 文渊阁《四库全书》内联网版.
[4] (清) 厉鹗辽史拾遗. 文渊阁《四库全书》内联网版.
[5] (清) 翁同和 (著), 陈义杰 (整理). 翁同和日记. 北京：中华书局，1997.
[6] 北京市颐和园管理处，中国人民大学清史研究所. 颐和园 (北京史地丛书). 北京：北京出版社，1978.
[7] 刘敦桢. 刘敦桢文集 (一). 北京：中国建筑工业出版社，1982.
[8] 天津大学建筑系，承德文物局. 承德古建筑. 北京：建筑工业出版社，1982.
[9] 张侠等. 清末海军史料. 北京：海洋出版社，1982.
[10] 钧成，成刚. 颐和园楹联镌刻浅析. 北京：北京日报出版社，1985.
[11] 冯尔康. 清史史料学初稿. 天津：南开大学出版社，1986.
[12] 王树卿，李鹏年. 清宫史事. 北京：紫禁城出版社，1986.

Brief Analysis of Yangshi Lei Archives and Gardening Art of the Summer Palace

Zhao Dan-ping　　Zhai Xiao-ju

Abstract：The Summer Palace is the style of "the manuscripts of Yangshi Lei" image in the design of classical gardens, which showed style of "Yangshi Lei" architectural design and research ideas, the implementation of production and technological process, etc. The most precious physical specimen. The Summer Palace style of "Yangshi Lei" image file confirms to gardening art of the Summer Palace imperial garden Qingyi Garden in this historical period of development and change, is an important evidence of research, the rehabilitation of the Qing dynasty imperial garden.

Key words: Qingyi Garden; The Summer Palace; the manuscripts of Yangshi Lei; gardening art

作者简介

赵丹苹 / 1977年生 / 女 / 北京人 / 副研究馆员 / 硕士 / 毕业于北京服装学院 / 就职于中国园林博物馆北京筹备办公室 / 研究方向为文物保管、园林文化
翟晓菊 / 1955年生 / 女 / 北京人 / 研究馆员 / 毕业于北京师范大学 / 就职于北京市颐和园管理处 / 研究方向为历史文化、文物研究

中国动物园基础信息研究与分析

肖方 吴兆铮 李翠华

摘　要： 2012～2015年，中国动物园协会下发问卷140份，实际回收问卷71份，对21项96个数据点1561个数据量得出的7846个累计数据进行了分析，并对分析结果进行核录，形成中国动物园基础信息分析报告。结果显示，涉及人的管理7项，财的管理1项，物的管理13项。动物园探索事业、企业、公司共营的模式，让三者责任共担、利益共享，创造出人尽其才、物尽其力和多种分配形式共存的格局。饲养一级保护动物的种数，折射出动物园的综合实力水平。在综合实力中，人才实力越强，具备保护、饲养、展示、研究一级保护野生动物的能力就越强。

关键词： 中国动物园；基础信息；报告

1　研究方法

2012～2015年，中国动物园协会通过对全国动物园科普基地问卷调查和动物园行业标准编制调研及评估，下发问卷140份，实际回收问卷71份，调查信息全覆盖的有57～62份。分别对建园时间、动物园性质、单位编制、占地面积、绿化面积、动物种类、营业收入和客流量等21项96个数据点1561个数据量得出的7846个累计数据进行了分析，并对分析结果进行核录，于2016年5月完成"中国动物园基础信息分析报告"。

问卷由中国动物园协会、住房和城乡建设部标准定额研究所和北京动物园设计；问卷汇总分析由中国动物园协会、北京动物园、北京市城市系统研究中心共同完成。

2　结果与分析

2.1　动物园性质

数据显示，动物园的经营是以事业单位为主体。从被调查的动物园单位属性总体统计看，这些动物园有的是政府投资，有的是企业投资，都属于商业经营性动物园。差额拨款事业单位占比64%，全额拨款事业单位占比10%，自收自支事业单位占比13%，独资企业占比10%，股份制企业占比3%。数据显示，动物园的经营是以事业单位为主体，独资经营和股份制经营为辅助的运行模式（表1）。

2.2　动物园建园时间

在71份有效问卷调研中，建园时间在1906～1949年的有2个单位，1950～1980年的有27个单位，1981～2000年的有22个单位，2000～2012年的有20个单位（表2）。

动物园的建立与发展是人类社会文明进步、人民生活水平提高与经济发展到一定阶段的产物，中国动物园的建立和发展曲线折射了中国社会经济发展的曲线。新中国成立前仅有北京动物园和厦门市思明区园林绿化管理中心动物园两个单位，分别建立在1906年和1932年。粗略划分，建园时间不足50年的动物园占75%，客观地折射了中国和地区经济发展状况。就目前尚以经验性管理为其特征的动物园行业，此

动物园性质　　　　　　　　　　　　　　　　　　　　　　　　　表1

性质	差额补贴	全额拨款	自收自支	独资企业	股份
个数（个）	38	6	8	6	2

抽样动物园建园时间分布　表2

年份	1906 ~ 1949	1950 ~ 1960	1961 ~ 1970	1971 ~ 1980	1981 ~ 2000	2000 ~ 2012
个数（个）	2	16	0	11	22	20

数据间接反映出作为行业中占多数的动物园经验积累不够，人才技术等底蕴不足，急需引入现代管理加以充实弥补。

2.3　动物园营业收入分布

门票经济是动物园行业的显著特征，事业单位的单一属性制约着动物园的可持续发展。从问卷显示，年营业收入在4500万元以上的动物园占69个单位的14%~27%，呈上升趋势；年营业收入在1500万元以下的动物园占69个单位的57%~51%，呈下降趋势；年营业收入在1500万~4500万元的动物园占69个单位的29%~22%，呈下降趋势（表3）。

数值显示，动物园年营业收入在4500万元以上的单位，趋于稳定，4500万元以下的单位，营业收入下行压力较大。

说明动物园的运行需要具备一定的经济体量，才能确保其相对的稳定性，具有经营稳定性的才能较好地履行动物园的相关职能，在其保护教育方面作出应有的贡献。反之，经济体量较弱的单位，多数仍处于维持运行的状态，而不是可持续发展的模式。

数据显示，动物园达到收支平衡为42个单位，约占66.7%，反映了动物园的基本属性。

门票经济是动物园行业的显著特征，事业单位的单一属性制约着动物园的可持续发展。目前各动物园只能在游客量上下功夫，展出新动物、提出新展区是各动物园常用的工作套路。但经营思路、经营规划的研究并没有投入专业的人才和队伍也是现实，甚至对服务对象也缺乏必要的分析。

2011 ~ 2013 年各园营业收入分布　表3

营业收入(万元) / 年份	≤ 100	100 ~ ≤ 200	200 ~ ≤ 500	500 ~ ≤ 1500	1500 ~ 3000	3000 ~ ≤ 4500	4500 ~ 8000	> 8000
2011	7	11	10	11	7	13	9	1
2012	5	11	10	10	9	8	13	3
2013	6	10	9	11	7	8	14	5

2.4　动物园面积分布

动物园的面积并非越大越好，与游客量设计、动物展示规划、运营成本等有着极高的关联性，辐射效应和可持续性应有科学分析。

从问卷显示，动物园占地面积小于等于20hm²的22个单位，占比35%，大于60公顷的为19个单位，占比31%，介于两者之间的为21个单位，占比34%（表4）。

62份有效问卷中的数据显示：动物园占地面积大、中、小的分布，趋于均衡，不应以面积大小的单一数值作为动物园分级标准。

动物园的面积并非越大越好，与游客量设计、动物展示规划、运营成本等有着极高的关联性，辐射效应和可持续性应有科学分析。

2.5　动物园绿化面积

经过对问卷调查的数据分析得出，所调查的动物园中绿化面积小于等于5万m²的14个单位，占比23%；大于5万m²，小于等于20万m²的16个单位，占比27%；大于20万m²，小于等于50万m²的18个单位，占比30%；大于50万m²的12个单位，占比20%（表5）。

按《公园设计规范》、《动物园设计规范》中的绿化用地面积标准，符合其标准的仅有14个单位，约占被调查62个单位的22.58%。就行业提倡的"动物园＝公园＋动物园"的概念，我们行业相差甚远（表6、表7）。

在《国家重点公园评价标准》、《旅游景区质量等级评定与划分》等有关绿化事项的标准中，只有质量标准，而没有面积及相关比例标准。

动物园面积　表4

面积（hm²）	≤ 20	20 ~ ≤ 60	> 60
单位数（个）	22	21	19

抽样动物园绿化面积　表5

面积（m²）	≤ 5 万	5 万 ~ ≤ 20 万	20 万 ~ ≤ 50 万	> 50 万
单位数（个）	14	16	18	12

《公园设计规范》标准 表6

公园类型（以面积计）	< 2hm²	2 ~ < 50hm²	> 50hm²
绿化用地比例（%）	—	> 65	> 70

《动物园设计规范》标准 表7

公园类型	甲级	乙级	丙级
标准（%）	≥ 70	≥ 65	≥ 60

2.6 动物园科普教育设施

公众教育的关键是项目开发、热点聚焦、保护区合作信息和专业人才队伍建设，这些与科普设施大小没有直接关联。

随着社会发展，人们来动物园的需求呈现多样化的趋势。游客从简单观看动物、欣赏动物到体验动物文化、了解动物知识、探寻动物奥秘，动物园解决这种需求变化最好的办法就是将科普多样化，满足不同需求。

动物园科普设施的调查结果，反映了动物园间在设施配置上的差异性。科普教育设施面积小于等于500m²的占比46%；大于500m²、小于等于1000m²的占比32%；大于1000m²、小于等于5000m²的占比12%；大于5000m²的占比10%（表8）。公众教育是现代动物园的社会职能和特色，数据显示，78%的动物园科普教育设施面积小于1000m²，说明动物园对科普硬件投入的认识趋于一致。

公众教育的成果，直接关系动物园职能发挥和公众形象，公众教育的关键是项目开发、热点聚焦、保护区合作信息和专业人才队伍建设，这些与科普设施大小没有直接关联。

动物园科普教育设施面积 表8

面积（m²）	≤ 500	500 ~ ≤ 1000	1000 ~ ≤ 5000	> 5000
单位数（个）	27	19	7	6

2.7 单位编制

数据显示，岗位编制总数与饲养动物种数、只数成正比，编制总数高，饲养动物种数、只数则多，反之相少。

从问卷显示，动物园编制总数小于等于50人的共计27个单位，占比46%；大于50人，小于等于100人的动物园共计7个单位，占比12%；大于100人，小于等于300人的共20个单位，占比34%；大于300人的共计5家，占比8%（表9）。

2.8 管理岗位人数

动物园管理岗位人数20人以下，约占58%；50人以上，约占10%；间接反映出中国动物园行业以中小型为主的局面。

从问卷显示，动物园中管理岗位人数小于等于10人的共计26个单位，占比46%；大于10人，小于等于20人的动物园共计11家，占比12%；大于20人，小于等于50人的共14个单位，占比25%；大于50人的共计6个单位，占比10%（表10）。

2.9 专业技术岗位人数

数据显示，专业技术人员越多，饲养国家一级保护野生动物种数越多，反之则越少。

从问卷显示，动物园专业技术岗位人数在小于等于10人的共计17家，占比31%；大于10人，小于等于20人的动物园共计11家，占比20%；大于20人，小于等于50人的共13家，占比24%；大于50人，小于等于100人的共7家，占比13%；大于100人的共计7家，占比12%（表11）。

专业技术人员是动物园开展各项工作的关键要素，应该是先有岗，再求精。如果都没有，就很难谈得上相关业务工作的管理和提升。

单位编制 表9

人数（人）	≤ 50	50 ~ ≤ 100	100 ~ ≤ 300	> 300
单位数（个）	27	7	20	5

管理岗位人数 表10

人数（人）	≤ 10 人	10 ~ ≤ 20	20 ~ ≤ 50	> 50
单位数（个）	26	11	14	6

专业技术岗位人数				表 11
人数（人）	≤ 10	10 ~ ≤ 20	20 ~ ≤ 50	50 ~ ≤ 100	> 100
单位数（个）	17	11	13	7	7

工勤岗位人数				表 12
人数（人）	≤ 10	10 ~ ≤ 20	20 ~ ≤ 50	50 ~ ≤ 100	> 100
单位数（个）	14	8	15	7	15

2.10 工勤岗位人数

从问卷显示，动物园中工勤岗位人数小于等于 10 人的共计 14 个单位，占比 24%；大于 10 人，小于等于 20 人的动物园共计 8 个单位，占比 14%；大于 20 人，小于等于 50 人的共 15 个单位，占比 25%；大于 50 人，小于等于 100 人的共 7 个单位，占比 12%；大于 100 人的共计 15 个单位，占比 25%（表 12）。

数据显示，在 62 家动物园从业人员中，管理岗占比约为 17%，专业技术岗占比约为 26%，工勤岗占比约为 57%。

2.11 饲养管理员人数

从问卷显示，动物园中饲养管理员人数小于等于 10 人的共计 12 个单位，占比 21%；大于 10 人，小于等于 20 人的动物园共计 11 个单位，占比 19%；大于 20 人，小于等于 50 人的共 15 个单位，占比 26%；大于 50 人，小于等于 100 人的共 15 个单位，占比 26%；大于 100 人的共计 5 个单位，占比 8%（表 13）。

数据显示，62 家动物园岗位编制总数为 5423 人，管理岗总人数为 894 人，专业技术岗总人数为 1389 人，工勤岗总人数为 3038 人，饲养管理员人数为 692 人。四个数之和与编制总数并不相符，其原因为饲养管理员人数与管理岗位、专业技术岗位、工勤岗位有交叉重叠。

2.12 饲养动物种数

从问卷显示，所调查的动物园中饲养动物小于等于 50 种的共计 24 个单位，占比 39.3%；大于 50 种，小于等于 100 种的共计 13 个单位，占比 21.3%；大于 100 种，小于等于 200 种的共 13 个单位，占比 21.3%；大于 200 种的共计 11 个单位，占比 18.0%（表 14）。

饲养管理员人数				表 13
人数（人）	≤ 10	10 ~ ≤ 20	20 ~ ≤ 50	50 ~ ≤ 100	> 100
单位数（个）	12	11	15	15	5

饲养动物种数				表 14
种类（类）	≤ 50	50 ~ ≤ 100	100 ~ ≤ 200	> 200
单位数（个）	24	13	13	11

饲养动物种数在 200 种以上的动物园，所占比重约为 16%。均为省会城市动物园，临沂动物园虽在其中，恐系对种的概念理解有误，误报其数据。饲养动物种数在 100 种以下的动物园，所占比重约 60%。这也是动物园发展不均衡的一个客观现状。

保护本地和国产动物，是动物园公众教育和保护的职能。从行业管理的角度出发，应大力提倡、鼓励、帮助、包括种群管理工作在内的保护本地和国产动物。

2.13 饲养动物数量

数据显示，饲养动物数量在 1000 只以下的动物园，所占比重约 58%。从问卷显示，所调查的动物园中动物只数在小于等于 500 只的共计 23 家，占比 37%；大于 500 只，小于等于 1000 只的共计 13 家，占比 21%；大于 1000 只，小于等于 3000 只的共 18 家，占比 29%；3000 只以上的共计 8 家，占比 13%（表 15）。

2.14 一级保护动物种数

饲养一级保护动物的种数，折射出动物园的综合实力水平。在综合实力中，人才实力越强，具备保护、饲养、展示、研究一级保护野生动物的能力就越强。

从问卷显示，所调查的动物园中国家一级保护动物种数在小于等于 10 种的共计 25 家，占比 43%；大于 10 种，小于等于 20 种的动物园共计 18 家，占比 31%；大于 20 种，小于等于 50 种的共计 14 家，占比 24%；大于 50 种的共计 1 家，占比 2%（表 16）。

饲养动物数量				表 15
只数（只）	≤ 500	500 ~ ≤ 1000	1000 ~ ≤ 3000	> 3000
单位数（个）	23	13	18	8

一级保护动物种数				表 16
种数（种）	≤ 10	10 ~ ≤ 20	20 ~ ≤ 50	> 50
单位数（个）	25	18	14	1

2.15 二级保护动物种数

国家一级、二级保护动物工作，需要协会从动物种质资源保护、种群规划建设等方面开展工作，确实发挥动物园协会的组织协调作用，实现目标一致、分工合作、协同保护野生动物新的工作局面。

从问卷显示，所调查的动物园中国家二级保护动物种数小于等于 10 种的共计 12 家，占比 21%；大于 10 种，小于等于 20 种的动物园共计 11 家，占比 19%；大于 20 种，小于等于 50 种的共 26 家，占比 46%；大于 50 种的共计 8 家，占比 14%（表 17）。

2.16 繁殖成活率

从问卷显示，所调查的动物园繁殖成活率小于等于 60% 的 6 家，占比 10%；繁殖成活率大于 60%，小于等于 80% 的 14 家，占比 24%；繁殖成活率在大于 80%，小于等于 90% 的 15 家，占比 26%；繁殖成活率大于 90% 的 23 家，占比 40%（表 18）。

繁殖成活率可以反映出动物园对野生动物认知度、种群状态和管理水平有关，认知度越高、种群状态好、管理水平越好，繁殖成活率越高。

2.17 饲养动物发病率

从问卷显示，所调查的动物园发病率小于等于 15% 的 52 家，占比 88%；发病率大于 15%，小于等于 20% 的 1 家，占比 2%；发病率大于 20%，小于等于 25% 的 3 家，占比 5%；发病率大于 25% 的 3 家，占比 5%（表 19）。

饲养动物发病率的高低与饲养管理水平直接相关，饲养管理水平高，预防工作做得好，发病率则低。

目前在动物园中，对动物发病率和治愈率缺乏统一的标准和公开的机制，但其能揭示许多工作信息，以数据和问题为导向，评价和改进工作。

2.18 饲养动物治愈率

从问卷显示，所调查的动物园治愈率小于等于 60% 的 11 家，占比 18%；治愈率大于 60%，小于等于 80% 的 22 家，占比 36%；治愈率大于 80%，小于等于 90% 的 20 家，占比 33%；治愈率大于 90% 的 8 家，占比 13%（表 20）。

饲养动物治愈率的高低，反映兽医院或兽医人员的诊断水平和治疗水平。诊断水平高、治疗水平高，治愈率则高。

国家二级保护动物种类				表 17
种数（种）	≤ 10	10 ~ ≤ 20	20 ~ ≤ 50	> 50
单位数（个）	12	11	26	8

繁殖成活率				表 18
百分数（%）	≤ 60	60 ~ ≤ 80	80 ~ ≤ 90	> 90
单位数（个）	6	14	15	23

饲养动物发病率				表 19
百分数（%）	≤ 15	15 ~ ≤ 20	20 ~ ≤ 25	> 25
单位数（个）	52	1	3	3

饲养动物治愈率				表 20
百分数（%）	≤ 60	60 ~ ≤ 80	80 ~ ≤ 90	> 90
单位数（个）	11	22	20	8

2.19　游客量

从问卷显示，动物园年接待游客量小于等于10万人的7～9家，占比11%～15%；大于10万，小于等于20万人的13～10家，占比22%～17%；大于20万，小于等于50万人的13～11家，占比22%～19%；大于50万，小于等于100万人的16～15家，占比27%～26%；大于100万，小于等于200万人的6～8家，占比10%～14%；200万人以上的5家，占比8%～9%（表21）。

由2011～2013连续三年动物园游客接待数据显示，接待50万～100万人次客流量规模的动物园在所调查的动物园占比最大，其次是接待20万～50万人次规模的动物园。

接待游客量200万人以上的动物园，游客量相对稳定。究其原因，有两大特征：管理资源丰富和具有自我造血能力。

2.20　科普工作

从问卷显示，年开展科普次数1~5次的21~18家，占比41%~33%；年开展科普次数6~10次的11~12家，占比21%~22%；年开展科普次数11~20次的7~5家，占比14%~9%；年开展科普次数21~50次的7~9家，占比14%~17%；年开展科普次数50次以上的5~10家，占比10%~19%（表22）。

数据显示，动物园开展科普的次数逐年增加，年度开展50次以上的动物园由2011年、2012年的5家增加到2013年的10家。

科普工作已经成为动物园有别于一般公园的显著特征，但与国外相比中国动物园在人财物的投入、项目品牌创新、工作常态化、资源充分利用的方面还存在着相当差距，这是工作提升的方向。

2.21　科普教育等级分布

从问卷显示，所调查的动物园中属于国家级科普教育基地为23家，占比42%；省级科普教育基地为10家，占比18%；地市级科普教育基地为19家，占比35%；其他类为正在申报或者无级别等3家，占比5%（表23）。

3　结论与讨论

中国动物园基础信息分析报告，信息量之大，数据之多，投入人力、物力之多，用时之长为中国动物园协会建会以来少有的。数据结果是以调查表自然顺序排列。其中，涉及人的管理7项，约占33.33%；财的管理1项，约占4.76%；物的管理有13项，约占61.91%。数据显示，对物的管理所占比重最大，对人的管理其次，对财的管理最小。因财务的管理尚不属透明信息，所以在获取信息上，具有一定的难度。

动物园属于公园中的专类公园，归类为公益社会服务型事业单位。动物园要想更好地发挥单位工作效能、效率、效益，就应探索事业、企业、公司共营的模式，让三者责任共担、利益共享，创造出人尽其才、物尽其力和多种分配形式共存的格局。有效发挥人的智能、体能和潜能，为动物园事业的发展贡献力量。在改革中求发展、求变革，实现新的目标。

2011～2013年动物园旅游客量　　　　表21

游客量（万人） 年份	≤ 10	10 ～ ≤ 20	20 ～ ≤ 50	50 ～ ≤ 100	100 ～ ≤ 200	> 200
2011	7	13	13	16	6	5
2012	10	8	14	13	8	5
2013	9	10	11	15	8	5

2011～2013年动物园科普次数　　　　表22

科普次数（次） 年份	1 ～ 5	6 ～ 10	11 ～ 20	21 ～ 50	> 50
2011	21	11	7	7	5
2012	20	11	7	9	5
2013	18	12	5	9	10

科普教育基地等级　　　　表23

级别	国家级	省级	地市级	其他
单位数（个）	23	10	19	3

具有事业单位性质的动物园，财务公开透明，是一个趋势要求。政府拨款部门和纳税人都有权关心、了解其支出用途及资金管理。有远见的动物园领导，应尽早规范本级预算决算的管理，使其适应社会发展的要求。

有关物的管理，数据显示，最大的缺失是对土地、房屋的物权确认不能到位，这与时代发展、市场经济相脱节，不能简单地从建筑面积、绿化面积看公园管理，应将公园管理建立在法治的基础上。

4 结语

中国动物园协会标准工作组办公室组织实施了本次基础信息调研。此次调研相当于一次本底调查，在这次调查活动中，感谢各动物园给予的支持合作！这次调研所得出的数据具有一定的代表性和研究价值，希望协会和各动物园认真研究这份报告并提出宝贵意见，为中国动物园的更好发展提供服务参考。

参考文献

[1] 蒋志刚.中国动物园：使命与实践［M］.北京：中国环境出版社，2014.
[2] 方红霞，罗振华，李春旺，等.中国动物园动物种类与种群大小［J］.动物学杂志，2010，3.

An Analysis Report on Fundamental Data of Chinese Zoos

Xiao Fang　**Wu Zhao-zheng**　**Li Cui-hua**

Abstract：From 2012 to 2015, Chinese Association of Zoological Gardens made a survey for achieving an analysis report on fundamental data of Chinese zoos. 71 questionnaires including 96 data points with 7846 cumulative data were analyzed, referring to human resource management，financial management and material resource management. Chinese zoos explore the three kinds of management pattern related to institutional organization, enterprise and company, which take responsibility and share benefits to create a coexist situation of diverse forms of distribution with using the abilities of people and turning material resources to good account. Keeping first-class protected animal species reflects the comprehensive strength of the zoo. In the comprehensive strength, the stronger the talent strength, the stronger the ability with the protection, breeding, exhibition and research level of protecting wild animals.

Key words: Chinese zoos; fundamental data; report

作者简介

肖方 / 1957年生 / 男 / 北京人 / 中国自然科学博物馆协会专业技术工作委员会副主任 / 住房和城乡建设部风景园林标准化技术委员会委员 / 中国动物园协会标准办公室主任 / 北京动物园绩效管理办公室主任 / 研究方向为动物园管理
吴兆铮 / 1963年生 / 男 / 北京人 / 研究生 / 中国动物园协会副会长 / 研究方向为公园管理
李翠华 / 1950年生 / 女 / 北京人 / 中国动物园协会原副秘书长 / 研究方向为动物园管理

浅析陶然亭公园文化形象的塑造

李东娟

摘　要： 陶然亭公园是一所历史底蕴丰厚、人文气息深邃、园林风景优美的国家重点公园和北京历史名园，是文人墨客的雅集地、红色梦想的萌芽地、名亭文化的荟萃地、平民百姓的休闲地。陶然亭公园文化内涵丰富，但多年来，由于各种原因却未能形成独特的文化体系而有效地挖掘、继承、传播和发展。本文在概述陶然亭公园重要历史文化形象和近代主要文化活动的基础上，结合社会发展需求和文化建园方针，认真分析了目前陶然亭公园文化发展和品牌建立存在的问题，并对公园文化形象塑造与发展方向提出：以深厚士子文化为背景，挖掘中国古典园林亭文化为特色的文化建园可持续发展方向，以期对相同类型公园文化形象塑造提供借鉴。

关键词： 陶然亭公园；文化；塑造

陶然亭构于清初，因水而胜，因亭而名，是明清时期北京的重要风景地，京城文人的诗文唱咏、雅集修禊之所在，被誉为"城市山林"、"都门胜地"。陶然亭的历史文化，是一种具有独特历史价值和人文内涵的"文化样本"，其文化形态完整鲜明，历史脉络传承有序，是明清士大夫文化的缩影，是北京文化的重要组成部分。

陶然亭公园是一所历史底蕴丰厚、人文气息深邃、园林风景优美的历史名园，是文人墨客的雅集地、红色梦想的萌芽地、名亭文化的荟萃地、平民百姓的休闲地[1]。陶然亭公

图1　陶然亭

园经过60余年的建设，已经发展成为国家重点公园、北京市历史名园和国家 AAAA 级旅游景区。

陶然亭公园自1955年建成对公众开放的收费公园后，不断挖掘历史文化，从出土的战国时代的文物追溯到北京建城建都；从窑台、龙树寺、刺梅园等风景名胜到陶然亭建亭后的文人雅集；从青灯古佛的禅林寺庙到毛泽东、周恩来等伟人红色革命的光辉篇章；从百姓喜爱的现代山水园林到中国古典园林精华的华夏名亭园。多年来，众多文化形象齐头并进，但就陶然亭公园的品牌文化却始终不得凸显。笔者在几代公园领导的带领下，就公园文化发展谈一些认识思考，期冀领导、专家及社会同仁指导。

1　陶然亭地区历史文化形象与成因

1.1　历史上的文化形象

1.1.1　名园荟萃、濠濮间意

陶然亭地区塘泽错落，游鸥戏水，自然风光十分秀丽。元明两代，京都达官富豪，竞相在此构筑亭园，这里遂成为园林汇聚之地。陶然亭西北的龙树寺，东南的黑龙潭、龙王亭、哪吒庙、刺梅园、祖园，西南的风氏园，正北的窑台等[2]。这些历史胜迹产生年代多早于陶然亭，有的甚至早于慈悲庵。它们都有文人墨客觞咏的历史，曾出现过各领风骚的辉煌时期。清人戴璐在《藤阴杂记》曾评价过此地风物："城南刺梅园，士大夫休沐余暇，往往携壶榼，班坐古松下，

图2　江亭修契图（1925年，贺良　绘）

筋咏间作。""黑龙潭，康熙中为宴游之地。"清康熙年间，江
皋在《陶然亭记》一文中这样描写周边环境："流水半湾，
潺潺沙渚，蒹葭聚生，绿波相荡，居然有濠濮间意。[3]"

1.1.2　江亭雅集、赋诗论道

清康熙三十三年（1694年），工部郎中江藻奉命监理黑
窑厂，在慈悲庵西部构筑一座小亭，以供休憩。翌年建成。
"（陶然亭）夙为文人宴会游玩之所，颇负盛名。……都门喧
嚣之地，有此点缀，差媲山林。盛名之来，或以此耳。[4]"

1.1.3　红色印迹、见证历史

1840年以来，西方列强用大炮轰开了中国的大门，迫使
中国一步步沦为半殖民地半封建社会，民族危机空前加重，
"自强"、"自救"成为国家的主题。先进知识分子不断向西
方学习，寻求救亡图存的道路，这其中的代表人物如龚自
珍、林则徐、张之洞、谭嗣同、秋瑾、鲁迅等均登临陶然亭
议事游览。新文化运动时期，毛泽东、李大钊、周恩来、邓
颖超、高君宇、邓中夏等人留在这里的革命足迹，更为清静
古刹涂上了鲜红的时代色彩。

1.1.4　野史掌故、离奇多样

陶然亭公园中央岛上的香冢、鹦鹉冢，以及近代的醉
郭墓、赛金花墓等，在民间流传了众多的离奇故事和文化掌
故，一直为民众津津乐道。

图3　1920年1月18号陶然亭慈悲庵槐树下合影毛泽东（左四）

1.2　文化形象的成因

陶然亭出现如此繁盛局面，概因城市的喧嚣、公务的繁忙、官场的倾轧与斗争，使官员、举子和游学的文人产生寻求精神自由、超脱、愉悦、审美的强烈愿望。吕新杰先生在"北京中国历史名园保护与发展论坛"上发表的《清时期陶然亭历史文化探微》[5]一文中，对陶然亭成为都中名胜进行过详细的分析，本文不赘述。

1.2.1　环境幽雅、野趣盎然

明以前远至唐朝，陶然亭地区已有窑厂。明永乐年间，为营建北京城，朝廷设立工部五大厂，黑窑厂为其一。因窑厂挖土烧砖瓦，以至黑窑厂周边小山丘尽去，窑坑遍布，雨季积水遂成湖沼。明嘉靖年间，修建北京外城时，慈悲庵被圈入外城内。原金元时凉水河支流流经慈悲庵周边，由此形成了一片水乡景象。

陶然亭地区虽位处城里，却充满了"陂陇高下，蒲渚参差"的野趣，逐渐成为文人士子游览和歌咏的胜地，被誉为"周侯藉卉之所，右军修禊之地"。

1.2.2　满汉分居、科举聚士

清代，满汉分居，内城只能为八旗居住，汉人多居于离内城较近的宣南地区；清代科举取士之时，各地士子们来京后多寄宿于外城会馆之内，而宣南地区则是会馆集中地。文人士子们闲暇之余常来离居处不远却又充满乡野气息的慈悲庵、黑窑厂一带。

2　陶然亭公园民众印象的发展

2.1　20 世纪的陶然亭公园印象

陶然亭这片土地，自古以来就是民众市井喜爱之地，涵盖了各个历史时期的人类活动，真实地反映了当时不同阶层人的生活水平和思想状态。1955 年 9 月 14 日，经过三年疏浚苇塘、挖湖堆山的改造，陶然亭公园正式对外开放，这也是新中国成立后北京市最早兴建的公园。在物质生活匮乏、娱乐方式有限的年代，这里承载着几代人最美好的记忆。

2.1.1　大雪山、游乐场

仿红军革命活动的雪山、铁索桥、地洞、腊子口等娱乐设施，最早建于 20 世纪 60 年代，它们承载着 50 多年来北京几代人的欢乐记忆，并不断延续下去。在当时，"大雪山"几乎成了陶然亭公园的代名词。除此之外，还有相继增设的大象滑梯、秋千、飞椅等游乐项目。

图 4　20 世纪 30 年代的慈悲庵

图 5　建设中的陶然亭，近处为乱葬岗

图 6　模拟红军走过的雪山

图 7　曾经的大象滑梯

图8 20世纪70年代公园东湖

图9 陶然文化节活动

2.1.2 游船、电影院和大舞池

对于当时的年轻人来说，游船、电影院、大舞池充满了浪漫和温馨，并流传着这样一句民间定律"要想成，陶然亭"！意思是，凡是谈情说爱的年轻人，只要来到陶然亭，无论是湖上小船荡漾、影院里领略异域风情还是舞池中翩翩起舞，都会给对方留下美好的印象而有情人终成眷属。

2.1.3 游园会

陶然亭公园自建成开始，就为社会文化事业的传播不断贡献力量，从1950年代的河灯晚会到90年代的重阳敬老游园，从"五一"、"十一"、"春节"的游园会到革命先烈的纪念活动，从月季、菊花等各类花卉展览到绘画、书法、诗词比赛等等，各种文化活动贯穿全年，成为提高城市居民幸福指数、丰富人民精神生活的重要场所。

2.2 21世纪以来的主要文化活动

进入21世纪，随着人们对精神文化的多元化需求日益凸显，公园人结合时代需求，不断传承经典、创新拓展，将各种系列特色文化活动贯穿全年。

2.2.1 冬季：戏冰雪、逛庙会

厂甸庙会和冰雪嘉年华活动自2010年开始已连续成功举办六届。

2.2.2 春季：赏春花、舞地书

海棠春花文化节和月季节，是公园以特色植物景观为主开辟的文化活动，已经成为北京人民春季踏青赏花的主要游览场所。

地书，可以说是新时期新的文化现象，从2003年举办北京市首届地书邀请赛以来，地书赛已经成为广大地书爱好者的一个盛会。

2.2.3 夏季：祭端午、品民俗

陶然亭端午诗词活动最早记载在1980年，数十年来吸引了众多诗词爱好者为陶然亭留下了数以千计的诗词作品，积淀了陶然亭深厚的文化底蕴。

2.2.4 秋季：游名亭、醉陶然

陶然亭公园是以亭文化为特色的园林，也因白居易的"更待菊黄佳酝熟、共君一醉一陶然"而使陶然亭更富秋意和悠然，曾经连续举办数届菊花展和亭文化展，后未能延续。

3 陶然亭公园文化形象存在的问题

陶然亭公园是一座历史悠久、闻名宇内的"新"公园，文化内涵丰富，但多年来，由于各种原因却未能形成独特的文化体系。

3.1 文化形象的历史传承不突出

陶然亭地区的历史最早可以追溯至战国时期，陶然亭公园里有着900余年的辽代经幢、600余年的慈悲庵和320年的陶然亭，但这些历史传承却也面临着尴尬局面，存在着传承不突出的问题。

3.1.1 格局新

今天陶然亭公园的山水格局形成于1950年。梁思成在《人民首都的市政建设》（1952年版）一文中说："一九五二年，为了配合爱国卫生运动，北京市人民政府又大力淘挖外城南部的洼地和苇塘——陶然亭和龙潭。陶然亭的工程已经

图10 辽代经幢

竣工，挖土二十六万立方公尺"，所挖土方就地沿湖堆山 7 座。除慈悲庵·陶然亭、窑台这两个地标未动外，其余全部进行过改天换地的改造。

3.1.2 古建新

在陶然亭地区曾有过较高声誉的重要建筑大多已被拆除。如：

龙树寺：1971 年，龙树寺抱冰堂落地翻建，结构、格局、高度都与原先不同，"抱冰堂名存实亡"。

花神庙：无存。

黑龙潭：毁于建园前。

哪吒庙：拆于建园后。

窑台：1984 年大修，格局发生了变化。

慈悲庵：1978 大修，与清时相比，部分格局发生了变化。陶然亭及廊为重新设计[6]。

云绘楼·清音阁和瑞像亭是公园迁建建筑，而非自有。

3.1.3 文物新

在历史进程中，大量文物被砸毁、丢失，或因不具备保管条件而移交，除两处经幢和 10 余块石刻外，公园几无文物。

3.1.4 景点新

陶然亭公园在 20 世纪 80 年代新建华夏名亭园景区，仿建了全国各地历史名亭十余座，这些亭子或有造型特色，或

图 11　风雨同舟亭、湖心亭图

图 12　华夏名亭园浸月亭——芦苇、亭子

具文化名气，成为陶然亭公园外宣的地标形象（如吹台、风雨同舟亭等），却将土生土长的陶然亭彻底掩盖。

3.2 文化内涵的基础挖掘不深入

3.2.1 只知其一、不知其二

例如陶然亭建亭人江藻，只知道是建亭时官居工部郎中，对其家族历史、从业经历、主要业绩等却知之甚少；又如文昌阁的建筑年代、金幢辽幢的来历等。

3.2.2 来历不明、疑点重重

例如魁星图石刻，作者是谁、什么年代、从何而来，同时期或者不同朝代、不同地域的魁星像与魁星是否类似；又如"四大名亭"这一说法的出处等等。

3.2.3 纷扰杂乱、缺枝少叶

如各个历史时期的私家名园、野史掌故、名人名墓、石碑字画等众多文化史料，因研究和挖掘深度不够，缺少"文化自信"，而不能继承和传播下去。

3.3 文化品牌、文化可持续发展不明确

陶然亭公园自华夏名亭园建立近三十年来，一直致力于发展亭文化为特色，最新的文化发展规划中明确指出"陶然亭公园是以中华名亭文化为特色"；陶然亭公园"十二五"发展规划也表明要"以打造名亭文化品牌为龙头"，但在实际基础建设及可持续发展的过程中，却没有明确的可行的亭文化发展方案，曾经举办过两届的名亭文化节也半路夭折。北京联合大学的赵晓燕老师在北京市公园管理中心党校第九届青年干部培训班授课时，讲到公园的品牌形象时，说起陶然亭公园是她去过最多的公园，但却不知道这个公园的品牌形象是什么，指出"亭"应该是这个公园的特色，应该大力挖掘和发展成特有品牌。

陶然亭公园是文人墨客的雅集地、红色梦想的萌芽地、名亭文化的荟萃地、平民百姓的休闲地，每一部分的文化都各具特色，为了可持续发展，必须明确文化发展方向。

3.4 文化传播有待进一步加强

陶然亭自建亭以来，声名鹊起，成为清代京师士大夫登高远眺、避暑消夏、修禊雅集、谈诗论文、送践离别、感怀抒绪之所，"百余年来，遂为城南觞咏之地"[7]（《藤阴杂记》）。有清一代，二百余年间，此亭享誉经久，长盛不衰，终成都中一胜，"宇内无不知有此亭者"[8]（《天咫偶闻》）。

但近现代以来，人们对陶然亭却日渐陌生。1981 年 12 月 18 日刊登《北京晚报》"陶然亭不是亭"而是"三间敞轩"的文章。次年 1 月 8 日《北京晚报》虽然予以纠正，陶然亭原来是亭，后撤亭而改建为轩。但这一疑问带有普遍性，仍延续至今。很多游人仍经常抱怨"找不到陶然亭"，甚至公园里一些常客也不清楚陶然亭的历史掌故。

十八大以后，文化强国被写入党章；2016 年文化部、国家发改委、财政部和国家文物局四部委联合下发《关于推动

文化文物单位文化创意产品开发的若干意见》，确定文化创意产品开发措施，而陶然亭公园的文化创意产品开发尚处于空白阶段。

4 陶然亭公园文化形象塑造与发展的思考

"文化是民族的血脉，是人民的精神家园"，十八大以来，北京市公园管理中心制定"文化建园、文化兴园"的指导方针，致力于弘扬优秀传统园林文化、增强园林人凝聚力和向心力、实现公园文化可持续发展。陶然亭公园是国家重点公园和北京市历史名园，为了公园的可持续发展，应在北京市公园管理中心和陶然亭公园的总体规划指导下，高度重视，深入挖掘历史，重点打造独有的亭文化特色、继承传统民俗文化特色、发挥爱国主义教育基地功能的文化发展体系。

4.1 准确定位，突出特色

通过对陶然亭公园历史文化的基本梳理，公园的文化形象包括如下几个方面：

（1）以陶然亭、龙树寺为核心的文人雅集。

（2）以陶然亭为核心的上巳节、以窑台为核心的重阳节等民俗活动，包括近期已经初具规模的端午祭祀活动。

（3）以慈悲庵为核心的早期革命活动。

（4）以锦秋墩为核心的名墓悼念活动（除名人外，也包括香冢、鹦鹉冢等更具文化色彩的凭吊地）。

（5）以四大名亭之一"陶然亭"为代表的亭文化，是陶然亭公园独有的特色文化。

陶然亭公园的文化发展，应建立"以独有亭文化为中心，以雅集文化和红色革命文化为两个基本点，以上巳节、端午节和重阳节为三大传统民俗"为结构的，重点突出、方向明确的发展框架体系。

4.2 广泛搜集，深入研究

陶然亭公园自2010年至2012年利用近三年的时间，开展了"亭文化研究（一）——匾额楹联的研究"课题，首次提出"亭文化"的理论定义，全面梳理了全国近1600座亭子，重点研究了其中40座历史名亭。该课题的研究填补了中国园林亭文化研究的空白，获得了北京市公园管理中心课题一等奖。但对于博大精深的中国亭文化研究而言，这仅仅是开始，还有很多工作需要我们继续深入挖掘。

陶然亭的雅集文化，包含了有清以来至民国时期两百多年间，以孔尚任、查慎行、张之洞为代表的二百余名历史名人留下的近千首诗词文化，这里面承载着厚重的文化底蕴和丰富的历史信息，但目前的研究还处于空白阶段。包括对传统民俗活动上巳节（源自兰亭的文人雅集）、重阳节（登高）的系统挖掘和弘扬等等，都亟待我们深入研究并继承弘扬下去。

4.3 树立品牌、打造精品

品牌是生产力，品牌是推进器。公园要想实现社会效益和经济效益的可持续发展，必须加强品牌建设。把公园的文化事业视作一个产品，从营销学的角度认识、树立品牌意识，打造精品文化。

陶然亭公园的亭文化资源是独一无二的，把这些资源挖掘整理提升得"精细"、"精致"、"精良"了，让游客乃至员工真正享受到"精品"文化，也就"完美"了。

4.4 因地制宜、继承创新

陶然亭公园很多历史印记如龙树寺与张之洞、锦秋墩（花神庙、香冢、鹦鹉冢、赛金花墓等）、黑龙潭、哪吒庙等都已经消失殆尽，虽然这些不是陶然亭公园的主流文化，但在民间却广为流传，深受百姓喜爱。比如：香冢碑上哀婉动人的诗文引起的多种扑朔迷离的猜测（香妃、歌妓、衣冠、书稿）、赛金花传奇一生及其晚年与学界文人的交往、黑龙潭内潜居黑龙等等。随着时间的消逝，知道这些掌故逸事的人越来越少，为了留存住这些历史不可分割的社会形象，陶然亭公园应该以合适的方式将这些历史信息传承下去。

陶然亭的特色植物是芦苇，在近千首的陶然亭古代诗词中，涉及芦苇者屡见不鲜。如：

芦花飞不断，一路上江亭。——刘嗣绾《偕廉甫晚过陶然亭归途得诗二章》[9]

乘兴陶然亭上望，苍苍何处不蒹葭。——谢堃《九日登陶然亭》[9]

陶然亭公园历史上已经形成了代表性的特色植物，结合北京市公园管理中心曾经确定要把陶然亭公园打造成为"节约型公园行业典范"的目标，结合陶然亭公园目前景区建设理念和运营管理成本，亟待思考公园未来如何因地制宜建设和发展。

4.5 发展文创、传播文化

近两年故宫博物院把深厚的历史底蕴与文化积淀，通过文创产品研发为观众架起一座沟通文化的桥梁，取得社会效益和经济效益双丰收，成为成功打造一场文化盛宴的最好案例。陶然亭公园的文创产品尚处于空白阶段，如何将公园深厚的文化底蕴融入到产品中，真正让游客通过产品学习文化，通过文化引发思考，通过思考获取精神升华，这是我们研发文创产品的理念和落脚点。

同时还要充分利用公园主办的网站、微博、微信，制作数据库、文化专题和数字展览，制作微视频，编辑微课程，以科技手段为引领，通过新媒体和数字化建设，提升文化创意产品的内涵和品质，实现文化立体传播化。

北京市公园管理中心的王鹏训处长在第九期青年干部培训班上讲到"公园要发展文化创意产业，首先应对园林文化有深刻认识"。所以文创产品的研发过程，也是深入学习、挖掘传播公园历史文化的过程。

5 结语

陶然亭公园的文化是多元的、雅俗共赏的。多元的文化会给公园带来更多的社会效益和经济效益，但多元化发展，不能是非理性的无序化发展，而要培养一个核心文化，在核心文化的竞争力得到壮大和稳定后，多元化文化发展才有可能成功，公园才能够真正实现有生命力的可持续发展。同样引用王鹏训处长在第九期青年干部培训班授课时的一句话作为本文的结束语："如何利用景区的文化开展更为广泛的服务，将文化转化成群众喜闻乐见的卖点，进而实现公园文化的可持续发展，是一个热门话题，也是一个难题。"

参考文献

[1] 李东娟.陶然心醉一亭留——陶然亭公园四项文化展览策划内容与体会[J].景观,2015（3）：16-21.
[2] 北京市陶然亭公园管理处.陶然心醉一亭留——陶然亭公园历史图说[M].北京：光明日报出版社.2015：25-36.
[3] 陶然亭公园志[M].北京：中国林业出版社,1999:64-66.
[4] 张寅彭.小奢摩馆脞录.民国诗话丛编[M].上海：上海书店出版社,2002.
[5] 吕新杰.清时期陶然亭历史文化探微[C].北京中国历史名园保护与发展论坛.
[6] 梁震宇.北京陶然亭公园慈悲庵的复建[J].古建园林技术,1984（2）：15-20.
[7] （清）戴璐,藤阴杂记[M].北京古籍出版社,1982：99.
[8] 震钧,天咫偶闻卷七[M].北京古籍出版社,1982.
[9] 北京市陶然亭公园管理处.陶然亭公园古代诗词选[M].北京：光明日报出版社,2015.

Construction of Cultural Image of Taoranting Park

Li Dong-juan

Abstract: Taoranting Park is a national key park as well as a Beijing historical garden with beautiful scenery, generous history and rich cultural heritage. As a witness of the festivity of ancient literati and the naissance of communist dream, the park is known as an open-air museum of famous pavilions and a best choice for recreation and entertainment. Nevertheless, her splendid culture has not yet been systematically researched nor disseminated for some reasons. Based on the requirements of social development and the cultural agenda of park construction, this article focuses on the construction of the park's cultural image and its problems by summarizing her historical and cultural images and main cultural activities during modern times. In order to explore the construction of the park's cultural image and the direction for sustainable development as well as providing reference for parks with similar conditions, the study suggests an "excavation of cultural connotations of Chinese pavilions in the context of Chinese classical garden, based on the profound culture of Chinese literati" approach as the basis and long-term strategy for the development of the park.
Key words: Taoranting Park; culture; construction

作者简介

李东娟 / 1977年生 / 女 / 北京人 / 高级工程师 / 硕士 / 毕业于内蒙古农业大学 / 就职于陶然亭公园管理处 / 研究方向为园林设计与绿化、历史文化与公园管理

颐和园后山的四大部洲

范志鹏　杨庭

摘　要：本文采用文献考证的研究方法，在对佛教发展进行总结阐述基础上，对颐和园四大部洲进行了分析，从而得出藏传佛教对维护清王朝统具有重要政治意义。四大部洲作为颐和园后山不可缺少的一部分，展现出藏传佛教的独特魅力，对世界文化遗产的保护和传承具有重要意义。

关键词：颐和园；四大部洲；乾隆

颐和园佛教建筑群依山而筑，万寿山前山，以八面三层四重檐的佛香阁为中心，组成巨大的主体建筑群，从山脚的"云辉玉宇"牌楼，经排云门、二宫门、排云殿、德辉殿、佛香阁，直至山顶的智慧海，形成了一条层层上升的中轴线。东侧有"转轮藏"和"万寿山昆明湖"石碑。西侧有五方阁和铜铸的宝云阁。后山有宏丽的西藏四大部洲佛教建筑和屹立于绿树丛中的五彩琉璃多宝塔，宛如一个净土的佛国世界[1]。

1　佛教与四大部洲

1.1　佛教概述

佛教是距今2500多年前由迦毗罗卫国（今尼泊尔境内）王子乔达摩·悉达多所创建的宗教，其为世界三大宗教之一。佛教有三个主要的派别，分别是部派佛教（又称南传佛教、小乘佛教），大乘佛教（又称北传佛教、汉传佛教）以及藏传佛教（又称金刚乘、密乘）。这三个大的派别之下，又分成众多的各种宗派。明清两代最高统治者对藏传佛教格鲁派的大力扶持，使其从明代的初具规模发展为清代的鼎盛[2]。

1.2　四大部洲

四大部洲，是十法界中人道众生所居住的地方，位于须弥山四方，七金山与大铁围山间的咸海中，有四个大洲，称四大部洲、四大洲、四天下、须弥四洲。

四大部洲的叙述，散见于《长阿含经》、《楼炭经》、《立世论》、《俱舍论》、《造天地经》等佛教经典中，各洲各有其特点。

《长阿含经》中详细介绍了四大部洲：

"一东弗于逮梵弗于逮，亦云弗婆提，华言胜身，以其身胜南洲故也。又翻为初，谓日初从此出也。在须弥山东，其土东狭西广，形如半月，纵广九千由旬。人面亦如半月之形，人身长八肘，人寿二百五十岁。

二南阎浮提梵语阎浮提，华言胜金洲，阎浮是树，提是洲名，因树立称，故名阎浮提。在须弥山南，其土南狭北广，形如车箱，从广七千由旬。人面亦像地形，人身多长三肘半，于中有长四肘者，人寿百岁，中夭者多。

三西瞿耶尼梵语瞿耶尼，华言牛货，为彼多牛，以牛为货，故名牛货。在须弥山西，其土形如满月，纵广八千由旬，人面亦如满月，人身长十六肘，人寿五百岁。

四北郁单越梵语郁单越，华言胜处，以其土胜三洲故也。在须弥山北。其土正方，犹如池沼，纵广一万由旬。人面亦像地形，人身长三十二肘，人寿一千岁，命无中天"[3]。

据《起世经》所载，众生共业感得的世界是这样一种结构："一个日月所照之地，叫四大部洲，一千个四大部洲是一个小千世界，一千个小千世界是一个中千世界，一千个中千世界是一个大千世界，总称三千大千世界。三千大千世

图1　四大部洲想象图

图2　雍和宫大殿前的须弥山

界系为古代印度人的宇宙观，又作一大三千大千世界、一大三千世界、三千世界。谓以须弥山为中心，周围环绕四大洲及九山八海，称为一小世界，乃自色界之初禅天至大地底下之风轮，其间包括日、月、须弥山、四天王、三十三天、夜摩天、兜率天、乐变化天、他化自在天、梵世天等。此一小世界以一千为集，而形成一个小千世界，一千个小千世界集成中千世界，一千个中千世界集成大千世界，此大千世界因由小、中、大三种千世界所集成，故称三千大千世界。"[4]

　　百回本的《西游记》中第一回一开始就对世界的地理情况进行了描述："感盘古开辟，三皇治世，五帝定伦，世界之间，遂分为四大部洲：曰东胜神洲，曰西牛贺洲，曰南赡部洲，曰北俱芦洲"[5]。《大唐西域记》一开始玄奘就叙述了佛教中的四大部洲的概念："在索诃世界（旧称娑婆世界，又称娑河世界，都是错误的），三千大千国土，都是佛陀教化的范围。现在同一日月照临四个天下，在这三千大千世界之中，众多的佛都在这里下降化身，展示生灭关系，导引圣人和凡人。苏迷卢山（大唐语称妙高山，旧称须弥山，又称须弥娄都是错误的）由四种宝物组合而成，在大海之中，坐落在金刚轮上，是日月照耀回转，诸神遨游居住的地方。七重金山七个大海，环列在其周围；诸山之间的海水，具有八种功能。七重金山之外，就是咸海。海中可以居住的，大约有四个洲，东面的为毗提诃洲（旧称弗婆提，又称弗于逮是错误的）南赡部洲（旧称阎浮提洲，又称剡浮洲都是错误的）西瞿陀尼洲（旧称瞿耶尼，又称伽尼是错误的）北拘卢洲（旧称郁单越，又称鸠楼，是错误的）。金轮王的教化遍及天下，银轮王的统治区域是除开北拘卢洲外的三洲，铜轮王的统治范围是除北拘卢及西瞿陀尼之外的二洲，铁轮王就只统治赡部洲。所谓轮王，在将要登大位时，依据福德的感应，有大轮宝从天空飘浮而来。感应有金银铜铁的差异，统治范围于是有四三二一的差别，皆因先前的祥瑞，作为各王的名号"[6]。

　　雍和宫须弥山、西藏桑耶寺、承德普宁寺是四大部洲在现实中的展现。

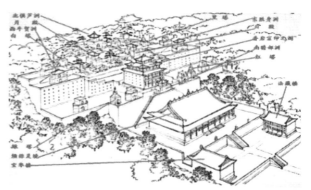

图3　颐和园后山佛教建筑

2　颐和园四大部洲

　　颐和园后山佛教建筑群由须弥灵境、香岩宗印之阁、四大部洲、八小部洲、日月台、梵塔等主要建筑组成。该建筑群始建于乾隆年间，其规划设计以西藏著名古刹桑耶寺为设计蓝本，是当时清漪园内主要建筑群之一。

　　四大部洲建筑群修建为藏式，在须弥灵境殿南面山势比较陡峭高出地平约10m的金刚墙上，南北全长85m，东西宽130m，总占地面积约11050m²，总建筑面积约2055m²，地面

图4　航拍颐和园佛教建筑全景（侧面）

图 5　航拍颐和园佛教建筑全景（正面）

总面积约 5160m²。整组建筑群以香岩宗印之阁为构图中心，四周围绕着四大部洲、八小部洲、日月台等十九座建筑，各式碉房、喇嘛塔，随坡式交错，浑然一体，共同构成了万寿山后山汉藏建筑风格的和谐统一。

2.1　香岩宗印之阁

香岩宗印之阁，原是一座方形三重檐、屋顶四周为攒尖亭式、中央为庑殿式的两层佛楼，仿西藏桑鸢寺中的乌策殿修建，清代档案中称之为"三阳楼"或"三样楼"，即桑鸢楼的谐音。建筑坐北朝南，面积 412.8m²，高 4.45m。面阔 15 间，前后有廊。歇山式黄色琉璃瓦顶，有吻兽仙人，大木九檩，斗拱五踩单昂单翘，六字箴言井字天花，金龙和玺彩画。圆柱，青石柱础。前、后檐明间装修三交六碗菱花隔扇，前檐稍间为 4 扇槛窗，槛墙高 1.2m，次间有帘架框。花岗岩石台座，汉白玉台基，垂带式 8 步台阶。

2.2　四大部洲

北俱卢洲、南瞻部洲、东胜神洲、西牛贺洲，依次为方形、三角形、半月形、圆形四种不同的形状，又对应着佛家称为"四大"的地（方形）、火（三角形）、风（半月形）、水（圆形）。

香岩宗印之阁西侧的半月形建筑，是四大部洲中的东胜神洲。建筑坐南朝北，面积约 61.65m²，高 5.12m。碉房式平台，上木结构建筑为单檐庑殿式，黄色琉璃瓦顶，有吻兽仙人。前檐中间卷门，两侧及后檐、山面有盲窗。青石阶条石台基，北面 3 步如意台阶、南高台两侧垂带式 3 步台阶。

南瞻部洲的形状为三角形。清漪园时期修建为长方形碉房式的平台，台上建单檐庑殿式的琉璃瓦顶。光绪时改建山门建筑，仍长方形，面阔 3 间，坐北朝南，面积 416m²，高 2.99m。歇山式黄色琉璃瓦顶，有吻兽仙人。明造天花，墨

线旋子彩画。内立哼哈二将泥塑像。前檐明间装修直棂式 4 隔扇，次间为直棂式方格窗，木隔板上开小圆券窗。青石阶条石台基，如意式 3 步台阶。

西牛贺洲在香岩宗印之阁东侧，建筑平面呈椭圆形，碉房上面建庑殿式小殿，坐东朝西，建筑面积 64.2m²，高 5.12m。二层，黄色琉璃瓦顶，有吻兽仙人。前后檐一层为红墙，二层为白墙，中间设卷门，两侧各以盲窗。山面呈弧形，各有 5 个盲窗。

香岩宗印之阁南面为北俱卢洲佛殿为一座正方形碉房式平台，平台上面为单檐攒尖盝顶。现存建筑呈长方形，坐南朝北，面积 106.6m²，高 4.9m。二层，庑殿顶，正脊中有圆宝顶，黄色琉璃瓦，6 吻兽仙人。大木七檩，五踩单昂单翘斗拱，绘旋子彩画。前后檐一层为红墙，明间设拱门，两侧各有盲窗。二层为白色，中间雕花拱门，花岗石台明，有 64 级台阶。

2.3　日台与月台

香岩宗印之阁后边两侧的山坡上对称建有两座式样相同的长方形碉房式平台，台上筑有庑殿式小佛殿，名日台和月台，代表日光殿和月光殿，象征日夜出没须弥山两侧的太阳和月亮。佛经中称"其国中有二菩萨摩锞诃萨，一名日光遍照，一名月光遍照，是彼无量无数菩萨众之上首"。日台坐西朝东；月台坐东朝西，建筑面积 142.76m²，高 4.63m。黄色琉璃瓦顶，有吻兽仙人，四角悬铃铛。五踩单昂单翘斗拱，绘旋子彩画。日台、月台宝顶为绿色，下有六色束腰。一层为红墙，中间卷门，左右各有盲窗，带扶手墙。黄色琉璃瓦墙帽。

2.4　八小部洲

八小部洲，又称八中洲，是佛教传说中的地理名词，分别为"毗提诃洲"、"提诃洲"、"筏罗遮末罗洲"、"遮末罗洲"、"喝怛罗漫怛里拏洲"、"舍谛洲"、"拉婆洲"、"矩拉婆洲"。

东胜神洲南、北两侧各有一个长方形小部洲，为"八小部洲"中"毗提诃洲"和"提诃洲"。建筑叠落式分布，二层，一层为红色、二层为白色粉墙，带扶手墙。前后檐有卷门，两侧及山面各有盲窗。绿琉璃檐口，上下压面石东西各有 1 个龙头排水口。

南瞻部洲东、西各有一个六角形小部洲，分别代表"八小部洲"中的"筏罗遮末罗洲"和"遮末罗洲"。建筑一层红墙，二层为白墙四方形，带扶手墙。

西牛贺洲南、北各有一个六边形小部洲，代表着"八小部洲"中的"喝怛罗漫怛里拏洲"和"舍谛洲"。建筑双层，一层红色、二层白色，有卷门、盲窗，带扶手墙。

北拘卢洲东、西各有一个六边形小部洲，象征"八小部洲"中的"拉婆洲"和"矩拉婆洲"。建筑为双层，一层红色有卷门和盲窗，二层白色无门。

图6　颐和园后山佛教建筑全景

2.5　梵塔

香岩宗印之阁东南、东北、西南、西北分建白、绿、黑、红四座不同颜色、造型、图案、装饰的梵塔，即喇嘛塔。四座梵塔的用意有不同说法，一说代表佛教的四种智慧，白塔代表大圆镜智，绿塔代表妙观察智，黑塔代表平等性智，红塔代表成所作智。一说代表佛教的四个宗派，白塔代表大乘显宗，绿塔代表小乘声闻宗，黑塔代表大乘密宗，红塔代表自成佛。

四座喇嘛塔为纯藏式建筑，由基座、塔身、相轮、塔刹四部分组成，基座均为花岗岩材质，呈正方形，塔身为圆肚，颜色白、绿、黑、红，相轮13层，塔刹由伞盖和宝刹组成。四座梵塔的相轮和塔刹象征着佛的头部，塔身蕴含着深厚的佛教内涵[7]。

3　乾隆修建四大部洲的意义

3.1　雍和宫《喇嘛说》

雍和宫内有一著名的碑亭，亭内立一高6.2m，每面宽1.45m的方形石碑，四面分别刻满汉、蒙、藏四种文字之《喇嘛说》，气势恢弘，蔚为大观。

《喇嘛说》碑，立于乾隆五十七年（1792年），孟冬月之上浣。汉字碑文是乾隆御笔工整楷书，主文和夹注相间，大字苍劲古朴，小字如美女簪花，错落有致，生动流畅。碑文简练，字字千斤，充满一代帝王统御万邦、指点江山之豪气，是具有重要历史价值的石刻珍品。

《喇嘛说》是清朝乾隆五十七年（1792年）乾隆帝撰写的一篇阐述针对喇嘛教（即藏传佛教）政策的文章。

3.2　颐和园四大部洲修建意义

乾隆时期修建清漪园，修建了众多的宗教建筑，其中四大部洲可以说是最为特殊的存在，因为这与清朝的边疆形式有最为密切的关系，同时有别于其他同时存在于园内的宗教建筑具有最为现实的意义。乾隆时期，清朝的国力达到鼎

盛，国家富裕，国库充足，但是当时国家没有实现统一。

清王朝对藏地佛教的支持，是它整个统治及统一政策的组成部分。入关之前，清统治者采用满、蒙联合的手段对付明王朝。入关以后，为了巩固统治，清帝室根据满、蒙、藏民族相似的文化、宗教、历史背景，力图用喇嘛教激发他们共同的思想感情，并通过喇嘛上层控制边疆地区。

17世纪初期，喇嘛教已传至关外。清太宗（皇太极）开始与西藏五世达赖喇嘛（罗桑嘉措）建立关系，互致问候。入关不久，顺治帝遣使去西藏问候达赖、班禅，达赖和班禅也派人到北京朝贺。顺治九年（1652年），达赖五世率班禅代表应请入京，清廷封达赖为"西天大善自在佛所领天下释教普通瓦赤喇但喇达赖喇嘛"，有意让他成为藏蒙两地喇嘛教的领袖。回藏后，五世达赖用从内地带回的金银，在前后藏新建黄教寺庙13所。康熙继位后，继续遣使进藏看望达赖、班禅，带去贵重礼品。康熙曾说："蒙古惑于喇嘛，罄其家赀，不知顾惜，此皆愚人偏信祸福之说而不知其终无益也。"他明知愚惑无益，却还是多方扶植，目的就在"除逆抚顺，绥众兴教"。1682年，五世达赖死后，据有天山南北的蒙古准格尔噶尔丹，与掌握西藏政权的巴桑结嘉措相勾结，向东谋青海蒙古和硕特部，向北进攻漠北蒙古。1688年，漠北蒙古由哲布尊丹巴率喀尔喀部归清。此后，各世哲布尊丹巴均受清廷册封，成为统治外蒙古的主要支柱。康熙三十年（1691年），封章嘉喇嘛为"呼图克图"，灌顶普慧广慈大国师，总管内蒙古佛教事务。当西藏上层为争夺六世达赖职位而斗争不已的时候，康熙五十二年（1713年），遣使封五世班禅罗桑耶歇为"班禅额尔德尼"，为黄教树立另一领袖，以便分权统治。康熙五十九年（1720年）派兵两路进藏，册封格桑嘉措为六世达赖喇嘛。翌年，废除第巴职位，设立四噶伦管理西藏地方行政事务。雍正亦重视喇嘛教，他在即位的第三年（1725年），将其前住的王宫改为雍和宫，至乾隆九年（1744年），立为喇嘛教寺庙，成为国都喇嘛教的中心。在雍正、乾隆年间，喇嘛教在内地相当流行。藏密经籍的翻译也有所开展。

乾隆在《御制喇嘛说》碑中更明确地指出："盖中外黄教，总司以此二人（达赖、班禅），各部蒙古一心归之。兴黄教，即所以曳蒙古，所系非小，故不可不保护之，而非若元朝之曲庇番僧也。"乾隆统一新疆后，对厄鲁特蒙古同样采取"因其教不易其俗"的政策，叫作"绥靖荒服，柔怀远人"。

清建立政权后，在边疆地区的少数民族的统治上，主要采取"恩威并施"、"剿抚并用"的方法。这是清政府民族政策的基本原则。为团结西藏、青海、内蒙古、新疆等少数民族尤其是蒙古族，采用"以俗习为治"的政策，对喇嘛教持尊崇态度，达到了"绥靖蒙古"的目的，使蒙古各部对朝廷"畏威怀德，弭首帖伏"，将蒙古建成"塞上雄藩"。

乾隆皇帝在清漪园修建的四大部洲不仅成为清王朝推行"以佛教化天下"的统治政策，同时也成为汉藏民族文化融

图 7　乾隆皇帝的《御制喇嘛说》

佛教文化属于精神文化，在伦理道德和公众利益上起着积极的作用。宗教作为一种意识形态，不可能完全与政治经济文化相脱离，其在世俗社会中的依托多为寺庙，而颐和园四大部洲因其特殊的地位，明确的政治目的，自身代表的意义远超普通皇家寺庙的意义范畴。颐和园四大部洲修建旨在"合内外之心，成巩固之业"，纵观历史，清朝政府完全做到了这一点，它是康乾盛世辉煌的缩影，更是清代政治风云的汇集之处，融历史、民族、宗教、文化、艺术于一身，是份极为丰厚的历史遗产。

合的见证。四大部洲在建筑形制上采取汉藏结合的形式，北半部须弥灵境为汉式的佛教寺院，南半部香岩宗印之阁是仿照西藏的桑耶寺修建的，具有藏式山地寺院的特点。在修建过程中，将藏式的盲窗、大红台、四色喇嘛塔与汉式的宫殿建筑紧密结合，同时在寓意佛教世界观的宗教建筑中融入王权的思想。外檐上的彩绘使用和玺彩绘与六字真言相结合，完美地将汉族文化和藏族文化融为一体。

4　结语

通过对佛教历史的概述和佛经中四大部洲的介绍，引出颐和园后山的四大部洲。四大部洲作为藏传佛教的代表建筑，将对世界文化遗产颐和园的保护和传承具有重要意义。颐和园四大部洲是最具代表性的藏传佛教文化遗产，是我国民族团结和宗教和谐的象征，更是西山文化带的重要组成部分。颐和园的四大部洲与河北承德普宁寺在建筑形制上有很大的相似之处，在党和国家提出"京津冀一体化"战略的形式下，研究颐和园四大部洲对于促进京津冀文化繁荣具有重要意义。

参考文献

[1] 翟小菊.颐和园志 [M].北京：北京出版社.
[2] 杜继文.佛教史 [M].北京：中国社会科学出版社.
[3] 释迦牟尼.长阿含经 [M].北京：中国古籍出版社.
[4] 释迦牟尼.起世经 [M].北京：中国古籍出版社.
[5] 吴承恩.西游记 [M].北京：中国古籍出版社.
[6] 玄奘.大唐西域记 [M].北京：中国古籍出版社.
[7] 北京市颐和园管理处.颐和园志 [M].北京：中国古籍出版社.

The Four Great Regions in the Summer Palace

Fan Zhi-peng　Yang Ting

Abstract: On the basis of literature survey, the development of Buddhism was summarized, and the Four Great Region in the Summer Palace was analyzed. Tibetan Buddhism has important significance to maintain the political system of Qing dynasty. Four major parts of the Summer Palace as an indispensable part of the mountains, show the unique charm of Tibetan Buddhism. The world's cultural heritage protection and inheritance is of great significance.
Key words: The Summer Palace; Four Great Region; Emperor Qianlong

作者简介：

范志鹏 / 男 / 北京人 / 1981年生 / 经济师 / 就职于颐和园管理处 / 研究方向为古典皇家园林历史和文化
杨庭/女 / 1984年生 / 助理工程师 / 就职于中国园林博物馆北京筹备办公室 / 研究方向为园林、展览展示

基于移动平台的藏品库区管理系统构建
——以中国园林博物馆为例

赵丹苹　程炜　常福银

摘　要：在移动终端应用越来越普及的今天，博物馆管理领域对移动式现场管理的需求日益强烈，博物馆藏品管理系统对移动终端的应用建设也迫在眉睫。在建设中国园林博物馆基于移动平台的藏品库区管理系统的实践过程中，对管理系统的功能模块构成、功能特点及系统部署方式等进行了研究，分析并总结了藏品库区管理系统在实际设计实现、实施应用过程中要考虑的诸多问题，以期为博物馆藏品管理提供借鉴和参考。

关键词：移动平台；库区管理；藏品管理；现场管理

在信息化技术飞速发展的今天，博物馆界在展览展陈、参观导览等面向游客的服务领域不断采用新兴技术，越来越侧重以手机为服务终端为游客提供在线服务。随着文物管理和藏品管理相关国家法律法规、标准规范的不断推出，博物馆藏品管理工作日渐规范化，这为藏品管理信息化工作提供了基础。该领域的信息化工作，前期以藏品的数字化登记著录为核心，强调藏品相关信息的标引著录、存档管理、流程管理，实现基于藏品管理工作流程的藏品管理信息的动态记录；以及引入传感类终端设备对藏品提用、藏品修复、保管环境等进行动态记录，通过 RFID 标签、读取器以及门禁系统等实现藏品全周期状态的动态记录。

基于移动平台的博物馆藏品管理系统是未来的发展方向。然而，藏品管理工作流程看似简单，实则细节纷杂，要一步到位实现馆内、馆外、库区、展里对藏品全周期的移动式藏品管理具有一定难度。因此，中国园林博物馆在开展藏品管理信息化工作时，首先选定以藏品库区管理为核心，构建基于移动平台的藏品库区管理系统，以此作为探索实施藏品移动式、现场管理的第一步。

1 系统建设背景及建设理念

基于移动平台的藏品库区管理系统是中国园林博物馆首个藏品管理领域的信息化系统。对于"藏品管理"领域而言，信息系统的核心价值首要在于对藏品静态信息、动态管理信息进行及时有效的数字化存档，确保藏品从入藏起全生命周期信息可查。中国园林博物馆作为新建博物馆，藏品保管工作人员有限，单纯地开展数字化存档工作需要工作人员不仅要完成以往线下工作内容，还要额外将藏品相关静态信息、动态管理信息人工录入系统中，大大增加工作人员负担。因此，借助先进的信息化技术和理念，将藏品管理日常工作与数字化存档过程有机结合成为构建移动平台的藏品库区管理系统的重要原则之一。

综上，中国园林博物馆基于移动平台的藏品库区管理系统是以库区内的藏品管理为核心功能，由 PC 端管理后台和移动平台两部分构成。移动平台以移动终端为服务载体，支持库区内各项藏品管理工作的移动式现场管理，在借助于移动终端完成现场管理活动的同时，完成藏品相关动态管理信息的录入。PC 端管理后台重点完成藏品相关静态信息的设置及录入，发生在库区以外的库区内藏品管理工作的前置及后置环节信息的数字化存档工作以及信息的查询统计等。中国园林博物馆通过使用具有拍照、摄像、二维码识别、无线网络连接等功能的平板电脑移动终端可进行实时记录藏品管理的时间、操作人和现场情景。同时，移动终端与二维码标签结合使用，通过为藏品、库房、柜架、藏品外包装体等赋

图1　库区移动终端

予唯一身份标识，以二维码标签形式放置于现场，从而通过移动终端扫描的方式即可快速调出或输入相关信息。移动终端非常适合工作人员随身携带，手持操作方便快捷（图1）。

2　管理系统的设计与实践

藏品库区管理系统的构建，首先需要梳理藏品保管对外部及内部线下工作流程，分析各工作流程节点所涉及的存档信息及用户对象，分析流程节点之间需要转移的信息以及转移方式，分析系统上线运行后与线下工作的配合关系等。

2.1　业务流程梳理及功能模块构成

以国家文物保管相关法律法规及标准规范为基本依据，结合中国园林博物馆藏品管理制度和工作流程，我们对藏品管理业务流程进行了系统梳理，如图2所示。

根据系统定位，在以藏品管理业务流程为依据的前提下，结合中国园林博物馆实际情况，以"库区移动式现场管理"为核心，合理界定移动平台功能，如图1所示，涉及移动终端现场管理的均在移动平台上提供相关功能；按照实际工作智能对功能模块进行了分组，以藏品为管理对象区分为在库藏品管理、新入藏藏品管理、藏品流通管理三个功能

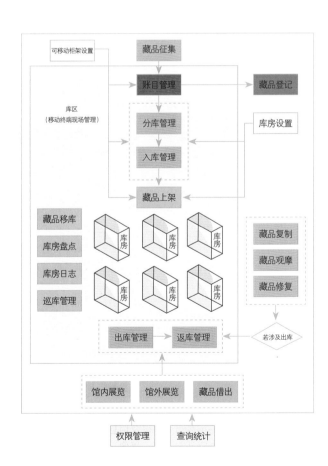

图2　藏品管理业务流程图

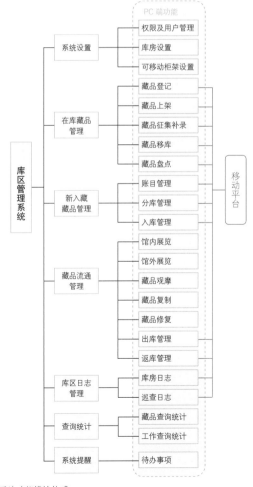

图3　系统功能模块构成

组，此外设置了库区日志管理、系统设置和藏品查询统计三个功能组。最终确定系统功能模块整体构成如图3所示。

2.2　系统功能特点

藏品管理的流程化特征明显，流程节点之间呈单向线性关系。理论上讲，按照藏品管理业务流程节点设置模块，控制信息流动方向即可，然而实际工作中流程各环节上以及环节之间要处理的情景远比理想状态复杂得多。作为探索实施藏品移动式、现场管理的第一步，一个轻便、简化的系统更容易被实际应用起来。因此，我们对系统做了如下考量。

2.2.1　以库区管理为核心，明确系统入口，实施闭环管理

如图2所示，以库区管理为核心，明确区分库区以内与库区以外的操作环节。藏品征集属于前置环节发生在库区以外，且实际工作中并非所有接收藏品都已有征集信息，比如馆内其他部门转交的新征集藏品，接收后放入库区点交室，但征集信息允许后续补充。而账目管理是所有待入藏藏品入库前的必需流程，且是在库区点交室内完成的，因此本系统以账目管理作为系统流程的初始入口；登账后再对藏品征集信息进行补录。馆内展览、馆外展览、藏品借出、藏品复制、藏品观摩、藏品修复等业务是出库管理的前置环节，出库必然对应有返库过程，从而形成完整闭环。发生在库区以内的藏品盘库、藏品移库等操作属于库区内部操作，不涉及跨库区边界问题。综上构成了以库区管理为核心的藏品闭环管理系统。

2.2.2　针对在库藏品、未来新入藏藏品，合理规划处理流程

在库藏品已完成征集、登账过程，因此直接从藏品登记为入口进行藏品登记信息的初始化，然后以藏品上架功能批量进行存放位置信息的初始化；可以对已在库藏品进行征集补录。对于新入藏藏品，以账目管理为入口，登账后进行分库，然后通过入库管理完成其存放位置信息的初始化，不再单独进行藏品上架过程。因此，如图3所示，本系统中的"藏品上架"功能模块针对在库藏品；而"入库管理"功能模块则针对新入藏藏品。无论是在库藏品还是新入藏藏品，一旦完成存放位置信息初始化后，就进入了藏品流通管理范畴。

2.2.3　以人为本，移动端操作从简，引入二维码技术

移动终端支持即时上传多媒体化资料，满足藏品动态管理过程中对信息的多媒体化留存需求。不过移动终端屏幕有限，尽量简化移动终端操作，减少人工文字录入工作量从而提高移动终端管理效率是必要的。为此，我们引入二维码标签技术，通过为藏品赋予唯一身份标识的二维码、为库房及藏品柜架等赋予存放位置二维码，从而实现通过移动终端的二维码扫描功能即可迅速查找、定位所需藏品。

2.2.4　双重保障，PC端功能涵盖移动平台功能，即时互通

并不是所有的功能都适宜于在移动终端使用，同时出于功能双保险的需求，本系统设计为PC端功能涵盖移动平台功能，两者之间即时互通。移动终端操作记录在PC端可以即时查看，PC端建立的动态管理待办事项可实时推送至移动终端。库房及藏品包装体设置涉及较复杂操作，且涉及二维码标签打印，因此仅在PC端提供管理功能。考虑到完善藏品登记信息时，需要在库区内对藏品进行具体的测量、断代、完残鉴别等工作，因此，移动平台也提供藏品登记功能模块。

2.2.5　外围前置驱动信息以存档管理为主，提供多种便捷化操作

对于藏品征集、馆内展览、馆外展览、藏品借出、藏品复制、藏品观摩、藏品修复等外围前置工作环节，中国园林博物馆基于移动平台的藏品库区管理系统仅提供PC端功能，对藏品基础信息进行标引、通过手工选择或Excel导入形成藏品清单、并通过引入速拍仪对相关纸质文档（申请单、出入库凭证、合同、运输单据等）进行拍照上传存档，为工作人员录入相关信息提供便捷操作方式。Excel导入/导出、速拍仪快速拍照等便捷操作方式贯穿于PC端所有功能模块。

2.2.6　一站式操作页面，以按钮区分数字化存档功能与信息流转功能

藏品管理的工作内容往往不能一蹴而就完成。因此，我们采用每个环节上一项事件只设置一个数字化存档界面，将基础标引信息、相关藏品清单、存档价值的纸质文档数字化拍照存档等功能放置于同一个操作界面中，通过"保存"、"提交"按钮控制数字化存档功能；对于涉及信息流转的，通过"提交至下一环节"按钮控制信息流转。如果发现已流转至下一环节的信息有误，比如待出库藏品有删减，不做任何退回操作，而是放弃本条流转线上的所有记录，从系统入口新建记录，重新开始新的流转线。通过这些系统设置，既能满足数字化存档需求，对入藏藏品全生命周期进行数字化存档，又能满足信息在各业务环节之间的顺利流转，一定程度上实现了库区内的移动式现场管理。

2.3　系统部署方式

中国园林博物馆基于移动平台的库区管理系统最大特点是引入了移动终端。因此，在系统部署方式上，强调了库区内部的无线网络环境。藏品保管部的办公室中配置有专用PC终端，该终端连接二维码打印机以及速拍仪，通过该专用PC终端按权限使用PC端功能。另外，博物馆的藏品库区点交室内配置专用的PC终端，该终端连接打印机、二维码打印机以及速拍仪，便于保管员在库区内按权限使用PC端功能，尤其是二维码打印功能。藏品库区点交室以及库房内提供无线网络环境，支持通过移动终端开展藏品的现场管理工作（图4）。

图 4　移动终端管理

设备，尝试探索利用信息化手段，将藏品管理日常工作与数字化存档过程有机结合起来。为确保系统的实用性、可用性，在紧密围绕藏品管理信息系统的核心价值"对藏品相关静态信息、动态管理信息进行及时有效的数字化存档，确保藏品从入藏起全生命周期信息可查"的基础上，以"库区管理"为核心，明确界定移动平台功能，同时通过引入二维码标签解决藏品身份标识、存放位置标识快速输入的问题，通过一站式操作页面配合特定按钮解决过程性存档问题以及信息流转问题，通过 Excel 导入导出、速拍仪拍摄等途径提供便捷式操作方式，通过 PC 端功能涵盖移动平台功能以及两者之间的即时互通为系统运行提供双重保障。

　　藏品管理工作的业务流程以及功能模块构成涉及藏品管理业务环节线下工作的多样性，线上工作流程本身也存在多样性。因此，藏品管理系统实践的过程，也是中国园林博物馆藏品保管工作流程及管理制度深度梳理和进一步标准化、规范化、制度化的过程。中国园林博物馆基于移动平台藏品库区管理系统的建设与应用是在传统藏品管理模式基础上的创新和探索，将在实际使用过程中不断升级、完善，以科学高效地管理博物馆藏品。

3　结语

　　中国园林博物馆作为新建博物馆，在首次开展藏品管理领域信息化工作中，通过引入移动终端（手机／平板电脑）

参考文献

[1]冯甲策.谈国家博物馆新藏品管理系统建设与文物普查工作的衔接[J].博物馆研究，2015（1）.
[2]李健文，黄艳军.北京自然博物馆藏品信息管理系统建设[C].融合·创新·发展——数字博物馆推动文化强国建设——2013年北京数字博物馆研讨会论文集，2013.
[3]杨淑文.博物馆馆藏文物动态管理系统研究[J].环球人文地理，2014（4）.
[4]张华英，陆远.成都理工大学博物馆藏品信息管理系统的建立及应用[J].数字技术与应用，2013（10）.
[5]马晶晶.二维码技术及其在博物馆中的应用探析[J].文物世界，2014（2）.
[6]张丽锟.基于 SOA 的博物馆藏品管理系统的实现初探——上海世博会博物馆[J].科技视界，2015（12）.

The Management System of Museum Collections based on Mobile Platform in the Museum of Chinese Gardens and Landscape Architecture

Zhao Dan-ping　Cheng Wei　Chang Fu-yin

Abstract: Nowadays, with the increasing popularity of mobile terminals, the demand for mobile site management in the museum is increasingly strong, and the application and construction of museum collection management system is imminent. This paper introduces the construction background of the Museum of Chinese Gardens and Landscape Architecture, the museum collection management system of the mobile platform based on business process, function modules, function features and system deployment, and summarizes the design and realization of the issues to consider the implement process.

Key words: mobile platform; depot storage management; collection management; on site management

作者简介

赵丹苹／1977年生／女／北京人／副研究馆员／硕士／毕业于北京服装学院艺术设计学院／就职于中国园林博物馆／研究方向为文物保管、园林文化
程炜／1968年生／男／北京人／高级工程师／硕士／毕业于北京林业大学／就职于中国园林博物馆／研究方向为园林文化
常福银／1980年生／女／北京人／助理工程师／本科／毕业于北京农学院／就职于中国园林博物馆／研究方向为信息化管理

国宝大迁移中的颐和园文物调查

秦雷　卢侃　周尚云

摘　要：1933年故宫文物南迁是人类保护文化遗产的壮举，其历时之久、迁徙地域之广、文物数量之巨，均为世界罕见。本文系统地梳理出颐和园南迁文物的来龙去脉，并对这笔遗产进行整理和分析，以更好地揭示颐和园历史文化内涵，重新认识并有效利用颐和园文物价值，将对颐和园文物保护及利用发展空间的拓展奠定研究基础。

关键词：颐和园；文物保护；迁移；皇家园林

颐和园前身清漪园始建于乾隆十五年（1750年），咸丰十年（1860年）被英法联军焚毁，光绪十二年（1886年）重建，光绪十四年（1888年）更名为颐和园。1928年，颐和园正式作为公园开放。新中国成立后特别是改革开放以来，政府非常重视颐和园的保护。1961年，颐和园成为第一批国家级重点文物保护单位。1998年12月，颐和园以"世界几大文明之一的有力象征"的高度评价，荣列世界文化遗产名录。作为中国封建王朝最后一次大规模造园活动的珍贵遗存，颐和园是中国古代造园思想和实践的杰出代表，是世界东方文明的有力象征，具有很高的艺术、文物及景观价值。

颐和园是晚清诸多重大政治活动和宫廷生活的场所，其中收藏了近4万件可移动文物，绝大部分是清代旧藏，其来源是宫苑旧藏、大臣进献、内务府造办处制作、采办、外国使节礼品等，相当一部分是慈禧太后几次在颐和园举办生日庆典时王公大臣们进献的寿礼，多为商、周、宋、元及明代以来的传世文物，都体现了不同时期社会生产工艺、皇家习俗好尚与日常生活内容的最高水平，具有重要的历史、科学及艺术价值。颐和园藏文物种类丰富，主要有瓷器、玉器、青铜器、书画、古籍、钟表、珐琅、家具、丝织品及杂项类等，这些文物在总体上能够支撑和反映清代皇家园林的历史面貌和最高统治者的生活氛围，具有突出价值，系统性收藏中国皇家文物的数量仅次于故宫博物院，但与故宫文物多为传世和清中前期文物所不同，颐和园文物是清代晚期文物的代表。颐和园文物是作为皇家园林在长期使用过程中根据建筑内外陈设需要自然聚集起来的传世精品，与颐和园的沧桑

命运相伴，园藏文物阅尽世变，其增减损益正可折射出近代中国的兴衰历程。因此，对研究中国皇家园林文化具有重要历史意义。

20世纪30年代，日本开始侵略中国，中华民族进入命运多舛的年代，为躲避日寇的劫掠和长期的战乱，发生在1936～1950年的故宫国宝文物南迁和北返行动，是中国文物保护史上最富有传奇性的事件。然而，不为人知的是，在这次旷日持久的大规模国宝级文物迁徙保护行动中，在那些被视为维系着中华文化命脉的文物箱包中，有数千件之多来自颐和园的精品文物。这些文物具体是哪些，为何与何时参与了国宝文物大迁徙，迁徙中的流转和经历情况，何时回归颐和园，回归的过程和数量，对颐和园整体文物的影响等方面，是前人研究的盲区。本文拟对颐和园参与文物南迁北返的历史进行系统的整理、考辨和寻访，对那些现不收藏于颐和园的颐和园文物进行寻根溯源。

1　国宝大迁移与颐和园文物南迁情况

"九一八"事变爆发后，日本侵略者鲸吞东北，虎视华北。北平这座历经沧桑的历史文化名城黑云压顶，日寇铁蹄的跫音已是清晰可辨。日军侵华，文物珍藏命运前途未卜，而数百年来，中国宫廷艺术宝藏，无论在内乱发生或外敌侵入之时，都会引动诸方觊觎，伺机掠夺。时国民政府有感于前鉴，不能坐视其散佚，遂有南迁之举。1932年秋，故宫人员开始选提文物，按类装箱。古物馆、目书馆、文献馆和秘

书处四个单位共装文物 13400 余箱，另有古物陈列所、国子监及颐和园等处文物也分别装箱，计 6000 余箱。1933 年 2 月，古物南迁开始。南迁文物分成 5 批，分别在国民政府总务处长俞同奎、故宫馆员牛德明、吴玉章等人的指挥下，于 1934 年初全部运到上海，存放于法租界的上海天主堂街（今四川南路）26 号中央银行堆栈。为安全起见，据说库房有两个圆形大铜门，有 360 多位数的密码，极其复杂。但文物存放上海不过一时权宜之计，"查上海一埠，华洋杂处，凤多劳民，为时既久，难保无窥伺之心"，再加上"每逢夏令，黄梅应候霉蠹发生，滋蔓极速"。1936 年 8 月，南京文物保存库落成。1936 年 12 月 8 日至 1937 年 1 月 17 日，存沪文物又分 5 批，全部运往南京。1937 年 7 月 7 日，抗日战争全面爆发，南京的飞机场和军工厂连遭日军飞机的轰炸，转移国宝又迫在眉睫。于是，来自北京的国宝，连同南京国立中央博物馆院的馆藏珍品一起，分为 3 批，又踏上了流浪的旅途。后转运至湖南、陕西、四川等多省市地区。抗日战争胜利后，文物开始由后方运回南京。1947 年年底，南京中央博物院修竣，国宝从 3 个避难处交集重庆，然后顺流而下运抵南京。1948 年淮海战役开始后，蒋介石计划在台湾建立最后立足点，于 1948 年 11 月决定将故宫国宝、南京中央博物院、国立中央图书馆、中央研究院的藏品及部分重要档案合并一起运往台湾。但当时可以运送这些珍贵古物的只有两艘军舰和一艘商轮，只能送送其中一部分，无法全部运走。最后决定从 19557 箱文物中选出 2972 箱运往台湾。运到台湾的国宝大部分是清宫收藏的精华，包括历代名画、书法、清宫全部藏书及最精美的宋瓷，总数约只是故宫国宝的 1/6。从 1948 年 12 月到 1949 年 12 月先后 5 次共计 5606 箱文物被运往台湾。其中 3879 箱 25 万多件文物在 1965 年入藏台北故宫，而这里面有 2972 箱是从北京紫禁城里迁出，南京博物院尚存 11178 箱文物。

1933 年 3 月 21 日，行政院密电北平市市长及故宫博物院院长："本日本院第九二次会议议决：北平颐和园内向存有西清古鉴铜器八百余件、宋元名磁、历代字画等物，均系由故宫移出，归市政府管辖，置之郊外，殊有未妥，应一并交由故宫博物院监运南来，妥为存放。又，国子监周代石鼓并清颁铜器，尤于文献有关，均应同时南运保存，以重国宝。除令【内】政部饬知北平坛庙管理处遵办外，仰即遵照密为办理"。1933 年 3 月底至 4 月底，为使陈设免受战乱破坏，颐和园的古文物前后分三批南运。颐和园第一批南运古物装箱 74 个，共计 361 件（编号 1～74 号），其中铜器 51 箱计 252 件、瓷器 23 箱计 109 件，交由故宫博物院附于该院第三批南迁物品并运南下。1933 年 4 月 15 日，行政院参议柳民均、内政部司长卢锡荣、故宫博物院副馆长马衡、秘书吴瀛洲来园，会同颐和园于是日起至 4 月 18 日，按照颐和园清册检提装箱，计装陈列馆及库存各项古物 223 箱、夹板 1 件（随木架 3 件）又油布卷 1 件（编号 75～299 号），于 19 日上午 8 时作为颐和园第二批南运古物交由故宫博物院随运南下。颐和园第三批南运古物，于 4 月 28 日以前亦经故宫博物院派员鉴定并监视装箱计 343 箱又夹板 1 件（附木架 2 件），内装陈列馆及库存铜器、瓷器、玉器、珐琅、雕漆及书籍、字画、汉瓦、插屏、座钟、杂品等，又方凳 4 件、立柜 2 件、宝座 1 件（编号 300～650 号），于 5 月 15 日交由故宫博物院随运南下。据档案记载，时任国民政府行政院院长的汪精卫亲令财政部拨款洋 1 万元给北平市政府，专用于颐和园古物装运，前后三次清点装运实际花费洋八千零六十六元七分。

颐和园南迁文物离园后，先随故宫文物迁致上海、南京，后又辗转分至汉口、汉中，最后存于川渝等地，对于这期间颐和园文物的情况有几种记载略有出入。据那志良先生记载，故宫从水路运往汉口一批文物中，包括颐和园文物 582 箱，通过火车运往汉中的文物中，有颐和园文物 40 箱，而有 18 箱颐和园文物滞留南京未及抢运。欧阳道达先生在

故宫古物南迁文物运送起止时间 　　　表1

批数	起运日期	到达日期
第一批	1933 年 2 月 6 日	1933 年 3 月 5 日
第二批	1933 年 3 月 14 日	1933 年 3 月 21 日
第三批	1933 年 3 月 28 日	1933 年 4 月 5 日
第四批	1933 年 4 月 19 日	1933 年 4 月 27 日
第五批	1933 年 5 月 15 日	1933 年 5 月 23 日

颐和园三批南迁古物装箱数量及离园时间 　　　表2

批次（编号）	装箱数量	离园时间
第一批（1～74 号）	74 箱	1933 年 3 月 28 日
第二批（75～299 号）	223 箱 1 夹板 1 麻布卷	1933 年 4 月 19 日
第三批（300～650 号）	343 箱 1 夹板 7 麻袋包	1933 年 5 月 15 日

颐和园南迁文物数量统计　　　　　　表3

批次 文物	第一批（件）	第二批（件）	第三批（件）	总数
瓷器	109	571	1084	1764
铜器	252	190	27	469
玉器		12	74	86
书画		16	15	31
钟表		7	24	31
座屏		1	2	3
砖瓦		2	9	11
水晶		1		1
金器		2	4	6
杂件		1	8	9
漆器		1	4	5
木雕			16	16
珐琅			6	6
家具			7	7
图书			1部（528函）	1部（528函）

共计：器物、陈设2445件，图书1部共528函

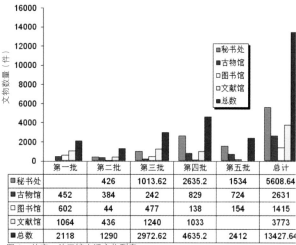

	第一批	第二批	第三批	第四批	第五批	总计
■ 秘书处		426	1013.62	2635.2	1534	5608.64
■ 古物馆	452	384	242	829	724	2631
□ 图书馆	602	44	477	138	154	1415
□ 文献馆	1064	436	1240	1033		3773
■ 总数	2118	1290	2972.62	4635.2	2412	13427.64

图1　故宫一处三馆南迁文物列表

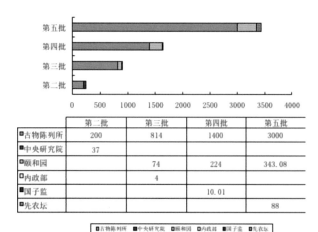

	第二批	第三批	第四批	第五批
■ 古物陈列所	200	814	1400	3000
■ 中央研究院	37			
■ 颐和园		74	224	343.08
□ 内政部		4		
□ 国子监			10.01	
■ 先农坛				88

图2　随故宫古物南迁颐和园等单位文物装箱列表

《故宫文物避寇记》中记录的运往汉口的颐和园文物为527箱，而据《中国对日战事损失之估计》中记载，1933年陷落南京的颐和园文物为89箱。

2　颐和园古物北返及分配情况

当时留在南京的故宫文物于新中国成立后开始陆续北返10000多箱文物返回北京故宫。后来文物北返的工作因故暂时搁置，现在仍有2000余箱文物留存于南京，由如今的南京博物院保管。

1949年年底由华东工作团主持北运故宫文物中，计有前颐和园颐字267箱、京字4箱，共计271箱（颐和园南运古物原为650号，其中640箱及7个麻包、2个夹板、1个油布卷）。

1950年1月24日，颐和园得知南迁古物已北返的消息后，分别呈文行政院及北京市人民政府，请将颐和园南运文物归还。2月16日，文化部函复说明北返古物由中央统一调度，颐和园照来函将原南迁清册报文化部文物局。4月，文化部文物局奉令成立"北返颐和园文物清点鉴定分配临时委员会"，由北京市人民政府、颐和园、故宫博物院各一人及文物局两人组成。5月16日，在文物局召开的第一次会议上，故宫博物院李鸿庆报告："前颐和园南运文物计650箱（作者注：编号），因抗战西迁，抢运不及，陷留南京，被敌伪拆散者不少。胜利后经过点收，实装567箱（作者注：此为颐和园西迁疏散文物总数）。1949年年底由华东工作团主持北运故宫文物中，计有前颐和园颐字267箱、京字4箱（作者注：此为清点陷留南京文物时，重新编号装箱），共计271箱。"此次会上还初步确定了颐和园北返文物的分配原

则："（甲）有关清代艺术品，如慈禧生活有关之器物，尽量分配颐和园；（乙）有关历史考古器物，可分配故宫方面，补充有系统的陈列品。"5月20日，颐和园呈文文化部、北京市政府，对于颐和园北返文物的处理分配提出几点意见，大意为："（1）古物回运是人民解放的胜利果实，建议先将文物运回颐和园展览；（2）关于具有考古研究价值的文物，原则上同意分配给故宫，但需经过中央人民政府及北京市政府正式手续；（3）对于历史考古性与艺术性如何界定，故宫是博物馆，颐和园也是文物陈列处所，希望分配时能够顾及全面，颐和园殿堂陈列空虚，而故宫藏品丰富，是否可以将故宫富裕藏品调拨颐和园以扩充陈列。"7月6日，文化部、北京市人民政府复函颐和园，对于颐和园所提几点问题给出意见，大意：（1）同意颐和园北返文物先在颐和园展览一次，但需在对文物逐件鉴定分配后进行。分配原则为：①书画凡见《石渠宝笈》著录者归故宫，其余颐和园。②钟表插屏全部拨归颐和园。③玉器全部拨归颐和园。④瓷器归故宫博物院，有重复者归颐和园。⑤铜器，明、清代归颐和园，其余归故宫博物院。照以上原则分配后，赴颐和园展览，展期暂定一个月。（2）如果拟在颐和园内成立博物馆，文化部原则上同意，可将故宫库存之艺术性古物拨交若干，并由文化部文物局指导协助，逐步进行。

根据这个原则，拨归颐和园文物于1951年1月10日开

文物北返箱数列表（箱）　表4

		基本箱件						附属箱件						合计
		沪	上	寓	公	颐	国	院	展	上特	法	京	奋	
瓷器	原存	1702			2631	351		38				118		4840
	现存	847			2617	351						118		3933
玉器	原存	184			286	25		2				7		504
	现存	94			280	25						7		406
铜器	原存	56			30	111		4				6		207
	现存				29	111						6		146
雕漆	原存	67			216	1						17		301
	现存	32			216	1						17		265
珐琅	原存	95			88	5						8		196
	现存	42			75	5						8		130
书画	原存	77		60	31	2		10	1			28	2	211
	现存			60	30	2						28		120
图书	原存		1400	18	44	22		18		2		23		1527
	现存		86	18	44	22						23		193
册宝	原存			32								1		33
	现存			32								1		33
陈设	原存				468	38						291		797
	现存				468	38						291		797
服饰	原存			205	393							56		654
	现存			205	373							56		654
档案	原存			1671	68			7				1915		3661
	现存			1474	68							1915		3457
乐器	原存			31								86		117
	现存			31								86		117
武器	原存			1								67		68
	现存			1								67		68
石鼓	原存						11							11
	现存						11							11
杂项	原存	238		13	593	12		1	2		12	152		1023
	现存	99		13	579	12		1			12	152		868
总计	原存	2419	1400	2031	4848	567	11	80	3	2	12	2775	2	14150
	现存	1114	86	1834	4778	567	11	1			12	2775		11178

始装运，至 17 日全部运回颐和园。回园后，颐和园随即对文物进行进一步清点，共计 326 件，并对部分残损文物进行修复。1951 年 6 月 25 日，故宫博物院再次向颐和园拨交颐和园南迁文物一批，共 59 件，用以颐和园的陈列。其中瓷器 40 件、书画 2 件、铜器 17 件，后因故宫方面"审干"及"三反"运动展开，文物无法提检出库而搁置。1953 年颐和园殿堂改陈，经与故宫博物院接洽，于 6 月 9 日赴故宫接收这批文物中的瓷器 40 件、书画 2 件，17 件铜器因不符合当时陈展需要而未接收。

故宫文物在新中国成立后，曾经向国外 9 个国家，国内 27 个省、直辖市、自治区和部队单位调拨出文物，其中调拨出国 1000 件文物，调拨国内其他单位 82999 件另 87 斤 1 两，在国内省、区、市中，接收文物最多的省、市有 9 个：北京 35680 件另 87 斤 1 两、河北省 15874 件、辽宁省 9950 件、河南省 4235 件、广东省 2398 件、吉林省 1965 件、黑龙江省 1812 件、江西省 1274 件、湖南省 1088 件。上述 9 省、市加上调拨给解放军 1137 件，共计 75413 件，占拨出文物总数 90.9%。这些文物拨往最多的单位是由中国革命博物馆和中国历史博物馆合并的国家博物馆，共计 7970 件；故宫拨出接收超过 2000 件文物的单位有 10 个，分别是：国家博物馆 7970 件、沈阳故宫 7546 件、承德外八庙 5968 件、民族宫 5519 件、洛阳市文化局 3361 件、东陵管理所 2966 件、北京电影制片厂 2510 件、中国工艺美术学院 2356 件、国庆工程各单位 2534 件。因此，搞清颐和园北返文物分配至故宫的部分文物，有些去向很难查清，是否再调拨出故宫到本市其他单位、外省市或是国外很难查清，但是可以明确有 1 件颐和园旧藏文物分配至国家博物馆。此件文物是南宋官窑贯耳瓶，至今展出时可见到瓶口内颐和园民国期间的标识，内容包括存放文物处所、名称、年代、签号等，因此此件古物南迁、北返后，外拨出故宫的文物可以识别出身份，是否还有颐和园旧藏文物有同类状况，有理由怀疑，但很难确定。

颐和园南迁古物北返回园数量统计　　　　表 5

年份＼古物（件）	瓷器	铜器	玉器	钟表	书画	家具	陈设	合计
1951	136	67	58	25	22	3	15	326
1953	40				2			42
共计：368 件								

3　国宝大迁移中的颐和园文物收藏寻踪

从已经掌握的资料来看，目前藏有颐和园文物的收藏机构包括故宫博物院、中国国家博物馆（故宫调拨）等，而现归属南京博物院管辖的朝天宫库房还存有南迁文物 2000 余箱（10 万余件），这其中原属颐和园南迁古物件数没有确切统计。据徐婉玲《重走故宫文物南迁路考察记（一）》中提到，考察队在参观朝天宫库房时，曾见到仍装有文物的"颐四九八"号箱，箱件上封条还较好的保存。由此可以确定，南京还存有颐和园南迁文物。对于以上等处所藏文物的品种、数量等详细资料有待进一步研究和掌握。古物南迁颐和园文物流传收藏情况的分析和梳理如下。

3.1　北京市颐和园管理处收藏列举

颐和园南迁文物，前后两批，回园 368 件，仅占南迁总数量的 15% 左右。其中士胡博绘慈禧油画像（图 3），随颐和园第二批文物南迁，装第 298 号夹板，时名"西太后油画全身像代玻璃镜座"，1951 年北返拨归颐和园。如缂丝无量寿尊佛像（图 4）随颐和园第二批文物南迁，装第 299 号油布卷，时名"无量寿佛大画像"，1951 年北返拨归颐和园。

图 3　慈禧油画像（清光绪时期）　　　图 4　缂丝无量寿尊佛像（清乾隆时期）

故宫博物院藏颐和园南迁文物　　　　表6

序号	名称	年代	尺寸（cm）					原藏处	文物图片
			高度	宽度	口径	足径	重量		
1	兽面纹甗	商代后期	80.9		44.9		40.02	原藏颐和园	
2	小臣𦈻方鼎	商代后期	29.6		22.5		6.18	原藏颐和园	
3	乳钉三耳簋	商代后期	19.1		30.5		6.95	原藏颐和园	
4	兽面纹尊	商代后期	25.4	24	22.3	13.4	3.18	原藏颐和园	
5	兽面纹瓿	商代后期	16.8	23.5	16.1		2.5	原藏颐和园	

续表

序号	名称	年代	尺寸（cm）					原藏处	文物图片
			高度	宽度	口径	足径	重量		
6	鸢祖辛卣	商代后期	36.4	18.4			4.04	原藏颐和园	
7	子卣	商代后期	28	22.5			3.84	原藏颐和园	
8	亚羲方彝	商代后期	17.9	18.9			3.34	原藏颐和园	
9	作宝彝簋	西周早期	25.5	30.7			5.42	原藏颐和园	
10	[illegible]妫壶	西周早期	31.4		9		2.35	原藏颐和园	

续表

序号	名称	年代	尺寸（cm）					原藏处	文物图片
			高度	宽度	口径	足径	重量		
11	伯盂	西周早期	39.5	53.3			35.8	原藏颐和园	
12	滕虎簋	西周中期	33.6	31.7			7.4	原藏颐和园	
13	追簋	西周中期	38.6	44.5			18.9	原藏颐和园	
14	免尊	西周中期	17.2	18.3			2.62	原藏颐和园	
15	颂鼎	西周晚期	38.4	30.3			7.24	原藏颐和园	
16	虢文公子铉鼎	西周晚期	30	30.9			9.08	原藏颐和园	

序号	名称	年代	尺寸（cm）					原藏处	文物图片
			高度	宽度	口径	足径	重量		
17	大簋	西周晚期	14.8	22.2			2.7	原藏颐和园	
18	士父钟	西周晚期	45.2	26			17.08	原藏颐和园	
19	郑义伯	春秋前期	45.5	14.7			9.66	原藏颐和园	
20	毛叔盘	春秋前期	17.2	52.5	47.6		14.26	原藏颐和园	
21	狩猎纹豆	春秋后期	21.4		18.5		2.22	原藏颐和园	
22	蟠虺纹錩	春秋后期	32.5		24.6		7.08	原藏颐和园	

序号	名称	年代	尺寸（cm）					原藏处	文物图片
			高度	宽度	口径	足径	重量		
23	匏形匜	春期后期	23.1	40			6.32	原藏颐和园	
24	王子婴次钟	春期后期	42.8		21.5		13.54	原藏颐和园	
25	嵌红铜蛙兽纹盘	战国前期	12.6	41.7			3.38	原藏颐和园	
26	魏公匜壶	战国后期	31.7	30.5			3.96	原藏颐和园	
27	栗纹方壶	战国后期	49.4	31.5	16.5	19.2	12.72	原藏颐和园	

续表

序号	名称	年代	尺寸（cm）					原藏处	文物图片
			高度	宽度	口径	足径	重量		
28	有流壶	战国后期	38.3	33.5	17.9		8.1	原藏颐和园	
29	郊坛官窑方花盆	南宋						原藏颐和园	

3.2　北京故宫博物院收藏列举

颐和园南迁文物现大多数存于故宫博物院，其中既有商周时期的青铜器，也有宋代名瓷，还有《石渠宝笈》著录的书画珍品。

3.3　中国国家博物馆收藏列举

宋代官窑青瓷贯耳瓶随颐和园第一批文物南迁，装第4号箱，时名"宋官窑贯耳壶"，1951年北返分配故宫博物院，后调拨中国国家博物馆。

中国国家博物馆藏颐和园南迁文物　　　　　　　　　　　表7

序号	名称	年代	尺寸（cm）			原藏处	文物照片
			高度	底横	底纵		
1	官窑青瓷贯耳瓶（口径内贴有民国时期颐和园标签）	南宋	23	8.3	6.6	原藏颐和园	

4　结语

参与国宝迁徙的颐和园文物是中华民族文物宝库中的精华，更是颐和园园藏文物的集萃。通过整理、考辨和寻访，梳理出颐和园文物南迁与北返分配的情况，使之有了大体清晰的脉络。对这笔遗产进行认真整理，是揭示颐和园历史文化内涵的必要工作，是重新认识和有效利用颐和园文物价值的重要前提，对拓展颐和园文物保护和利用的发展空间具有重大的学术意义和深远的现实意义。

参考文献

[1] 颐和园管理处 . 颐和园志 [M] . 北京：中国林业出版社，2006.
[2] 欧阳道达 . 故宫文物避寇记 [M] . 北京：紫禁城出版社，2010.
[3] 那志良 . 典守故宫国宝七十年：故宫国宝南迁回忆录 [M] . 北京：紫禁城出版社，2004.
[4] 杭立武 . 中华文物播迁记 [M] . 台北：台湾商务印书馆，2014.
[5] 庄严 . 山堂清话 [M] . 台北：国立故宫博物院，1980.
[6] 韩启桐 . 中国对日战事损失之估计 [M] . 北京：文海出版社，1966.
[7] 郑欣淼 . 天府永藏——两岸故宫博物院文物藏品概述 [M] . 北京：紫禁城出版社，2008.
[8] 故宫博物院 . 故宫青铜器 [M] . 北京：紫禁城出版社，1999.
[9] 南京博物院 . 宫廷珍藏中国清代官窑瓷器 [M] . 上海：上海文化出版社，2003.
[10] 李辉炳 . 宋代官窑瓷器 [M] . 北京：故宫出版社，2013.
[11] 首都博物馆 . 中国记忆——五千年文明瑰宝 [M] . 北京：文物出版社，2008.

Investigation on Culture Relics of Summer Palace during the Great Migration of National Treasures

Qin Lei   Lu Kan   Zhou Shang-yun

Abstract: The Imperial Palace cultural relics moved southwards in 1933 was a significant event of protecting cultural heritage for human. It is a legend worldwide in terms of time,area and quantity. In order to better reveal the historical and cultural connotation of the Summer Palace and re-understanding and effectively use the cultural value of the Summer Palace,we conduct the arrangement and analysis to the cultural relics through the brief review of the South heritage in the Summer Palace.It will be of great academic significance and far-reaching realistic meaning to expand the development space for cultural relics protection and utilization in the Summer Palace.

Key words: Summer Palace; heritage conservation; migration; royal garden

作者简介

秦雷 / 1968年 / 男 / 山东聊城人 / 副研究馆员 / 硕士 / 毕业于中国人民大学 / 就职于北京市颐和园管理处 / 研究方向为文物保护和研究
卢侃 / 1983年 / 男 / 北京人 / 馆员 / 就职于北京市颐和园管理处 / 本科 / 研究方向为文物保护和研究
周尚云 / 1978年 / 男 / 北京人 / 馆员 / 就职于北京市颐和园管理处 / 研究方向为文物保护和研究

明清外销瓷纹饰鉴赏

邢兰　黄亦工

摘　要：外销瓷是中国历代对外出口的瓷器。明清时期，中国瓷器大量销往西方，瓷器上各具特色的纹饰赋予瓷器独特的魅力。这一时期的瓷器纹饰一类以中国人物、山水风景、花卉等为题材，充满了中国风情；一类按西方国家的需求设计，以西方神话故事、西洋人物和风景花卉为主题。丰富多彩的纹饰充分体现了东西方文化的交流和融合。而中国瓷器附带的山水人物绘画更是给刚走出中世纪的欧洲带来了全新的人和自然相融合的理念，进而在18世纪催生了自然式园林景观在欧洲的出现。

关键词：明清时期；外销瓷纹饰；文化交流

外销瓷简言之就是中国对外出口的瓷器。瓷器贸易在中国古代对外贸易中占有重要的地位，在中外文化交流史上具有突出的贡献。明清时期是中国瓷器大量销往欧洲市场的繁盛时期，也是中国制瓷业发展到顶峰的时代。瓷器上绘制的各具特色的图案给瓷器披上了神秘的面纱，使瓷器具有独特的魅力。

这一时期的外销瓷装饰纹样大致分为两类，一类是为国外市场专门制作的成品。这类瓷器的纹样以中国传统的山水、花鸟、人物为主题，具有鲜明的中国风情。有时也会有中西方不同纹样出现在同一器物上的现象，比如中西方花卉结合的图案或者西方人物和中国风景相结合的图案。另一类为"订烧瓷"，是按照西方国家的需要而设计的。这类瓷器的纹饰大多为西方风格的，以西洋人物、肖像画、花卉风景、希腊罗马神话故事、圣经故事等为主题纹样，还包括一类特别定制的纹章瓷，这与当时西方各国流行使用徽章有关。不同的纹饰对于我们了解明清时期中西方社会风貌具有重要的借鉴意义，同时也加深了中西方文化的交流与融合。

1　中国文化题材纹饰

1.1　带有吉祥寓意的山水花卉、动植物图案

明清时期的外销瓷纹饰丰富多彩，大多以带有吉祥寓意的山水花卉和瑞兽等为主题。如以龙凤、麒麟、松鹤、蝙蝠、鹿、石榴等为代表的瑞兽图案；以园林景观、著名景点、重要绘画作品为代表的山水图案；以传统意义上的"四君子"——梅、兰、竹、菊和"岁寒三友"——松、竹、梅等为主，也包含喇叭花、牵牛花、缠枝花等的花卉图案。

青花瓷是中国外销瓷器的主流品种之一，属于釉下彩瓷。它是用含氧化钴的钴矿为原料，在陶瓷坯体上描绘纹饰，再罩上一层透明釉，经高温还原焰一次烧成。因彩绘颜料氧化钴经高温烧制后呈蓝色而得名，始见于唐宋，成熟于元朝，经明朝发展，到康熙时出现了"五彩青花"，发展到了巅峰。

图1中的明万历漳州青花花鸟纹盘是福建漳州出口的一种实用瓷器，整个纹饰构图简练古朴，笔墨饱满。盘沿青花作六个小开光，"开光"是瓷器的传统装饰技法之一，借鉴于古建筑的开窗，也是为了使器物上的装饰变化多样。盘沿六个开光以鱼鳞纹间隔，开光内饰菊纹；盘心主题纹饰为凤凰和牡丹，辅助以竹菊山石。菊花纹属于传统寓意纹样，菊花被看作"长寿"之花，是花群中的"隐逸者"。凤凰和牡丹的组合在明代比较多，到清代以后，凤凰就只在官窑中出现。凤凰牡丹的组合象征着天下太平，四海同春。图2为青花瑞鹿纹盘。盘沿八组莲瓣形开光内绘有折枝花卉纹，中心画面绘画两只小鹿，"鹿"在古代被看作瑞兽，谐音同"禄"。周围辅以松石祥云，寓意长寿。

1.2　人物故事图案

除了带有吉祥寓意的纹饰外，人物故事题材的纹饰也经常出现在这一时期的外销瓷上。康熙年间外销瓷器大量出现以"刀马人"为题材的战争场面纹饰（图3），从侧面反映出

图 1　明万历漳州青花花鸟纹盘

图 4　清雍正粉彩西厢人物圆盘

图 2　明万历青花瑞鹿纹盘

图 5　明万历青花风景人物纹大盘

图 3　清康熙青花刀马人物纹盘

康熙对自己和世人的警醒：江山得来不易，居安要思危，提倡尚武骑射才能永享太平。清代康雍乾时期，元明两朝传承下来的戏剧、小说题材，被大量绘到外销瓷上，中国传统文化以瓷器作为传播载体呈现在西方消费者眼前。这一时期外销欧洲的华瓷中，《西厢记》（图 4）成为最流行、出现频率最高的戏剧故事题材。由于《西厢记》所传达的浪漫主义情感，冲破封建世俗的理念和西方封建社会年轻男女的爱情观不谋而合，所以受到西方观众的喜爱。除此之外还有描绘社会风俗的渔樵耕读、婴戏、仕女等生活场景的纹饰。

图 5 为青花风景人物纹大盘。这件江西景德镇烧造的外销瓷盘面满绘图案。盘心绘画二人坐于庭院之中，盘沿绘画以郁金花卉间隔的渔樵耕读四个人物。渔夫、樵夫、农夫分别手拿渔网、干柴和锄头，书生则手拿书本。渔樵耕读是农耕社会的四个主要职业，代表了劳动人民的基本生活方式和

图6　清雍正粉彩婴戏图盘

图7　清乾隆青花山水纹盘

价值取向。瓷器上出现耕织图纹饰，与当时的重农思想是密不可分的。

我国自古就有祈求多子多福的民俗情结，寓意连生贵子、百子千孙的婴戏图案成为我国古代传统陶瓷装饰题材之一，最早出现在唐代长沙窑瓷器上。到了宋代，磁州窑出现了大量婴戏题材的瓷器产品。到了明清时期，婴戏图纹饰题材的瓷器进入了一个发展的兴盛期。如图6所示为雍正粉彩仕女婴戏图大盘。粉彩瓷创烧于康熙晚期，是景德镇的陶瓷工匠们在五彩瓷的基础上，受珐琅彩制作工艺的影响，发明出"玻璃白"的工艺，从而创造出这种新的釉上彩瓷，其中雍正时期的粉彩最具代表性。盘中绘图画工严谨，儿童衣纹清晰、眉清目秀；动作天真烂漫、惹人喜爱。婴戏中的儿童姿态多样，动作夸张，画面多呈现热闹愉悦的气氛，也反映了当时社会的安定。从侧面反映了古人对人丁兴旺、儿孙满堂的一种美好祈求。

这类以中国传统人物、山水花草、吉祥瑞兽和历史典故、民间传说等为主题纹样的外销瓷，充满了中国情调。随着外销瓷的西传，西方人通过丰富多彩的纹饰了解了中国传统的社会风俗、审美理念和文化情怀，具有深刻的历史文化内涵。

1.3　山水园林图案

清代外销瓷上的中国风景纹饰最具中国特色。粗看似乎相差不多，细看其实很少有相同的。纹饰中的园林元素亭阁、宝塔、石桥、流水、小船、山石、松树、柳树和人物等较常见，但搭配构图千变万化，与传统中国山水画风格一致。这种纹饰代表了中国"天人合一"的自然观，并且满足了欧洲国家对中国生活的幻想，因此一经传播便受到了西方国家的欢迎。

康熙时期的山水亭台楼阁画面实景建筑较少，大多都融于自然之中，以山水画面为主。到了雍正乾隆时期，建筑

物画面多以中国园林为参照，构图也具有一定层次。一般的画面前景左边或右边是一组主要的亭台楼阁，亭楼临水而建，所占面积较大。中景的位置有时绘有另一组建筑与之呼应，中间有小桥或小船。远景则是向远方伸展的树木或山脉（图7）。

2　西方文化题材纹饰

2.1　西洋人物、宗教神话故事

西方神话故事和宗教故事一直是西方文学和艺术的创作源泉，在明清时期也被大量采用到瓷器纹饰上。中世纪的欧洲社会与基督教有着紧密的联系。随着基督教的发展，《圣经》对西方社会的发展产生了深远的影响，圣经故事在民间广为流传。这一时期西方的绘画作品也大多出自圣经故事中的人物。到了18世纪，在西方国家的订烧瓷中，它们提供的纹样多为《圣经》人物故事以及欧洲日常生活，因此这一时期中国外销瓷上出现大量描绘欧洲日常生活或具体事件为主题景物的纹饰，如征战、码头、狩猎、采摘、农耕和休闲等，堪比一幅幅精美的欧洲风情画。

这些以西洋风景人物和宗教神话故事为题材的纹饰在墨彩瓷中有大量展示（图8、图9）。墨彩瓷属于釉上彩瓷的一种，是以艳黑为主，兼用矾红、本金等彩料，在烧成白中泛青的瓷釉上绘上水墨彩，低温烧制而成。墨彩瓷风格淡雅，就像画在瓷器上的水墨画。1730年以后，墨彩在欧洲盛行，大部分用墨彩装饰的瓷器都是当时流行的瓷器，内容有寓言主题和神话主题，并以山水风景为背景。这些纹饰从侧面也反映了西方国家的审美观念和文化精神。

2.2　订制纹章瓷

纹章瓷是中国古代外销瓷的一个重要品种，是中国古代订烧瓷的一种，把欧洲贵族、团体、都市的特殊标志烧在瓷

图 8　清乾隆墨彩描金西洋人物纹盘

图 10　清乾隆粉彩描金西洋风景纹章盘

图 9　清乾隆墨彩基督教故事纹饰盘

图 11　清乾隆粉彩纹章盘

器上，就是纹章瓷，也称为徽章瓷。纹章瓷一方面是专供西方国家或军队授勋用的，成为权力的象征；另一方面是为喜庆典礼特别定烧的，以餐具茶具居多。18 世纪是纹章瓷发展的鼎盛时期，欧洲各国纷纷从中国订制纹章瓷。

由外国王室贵族在中国订烧的"徽章瓷"，带有明显的外国人物或家族徽记，瓷质细腻、莹润，并且有金彩边饰，是当时高档瓷器的代表。在中国园林博物馆的"瓷上园林"展览中有一件粉彩描金徽章西洋风景盘（图 10），产自中国景德镇，距今已有 270 多年。盘中心画着一棵虚构的面包树，树枝上挂着花环，左边画着一棵椰子树，右边是几只羊，面包树和椰子树中间的祭坛上有两颗心，爱神丘比特弓箭上的两只鸽子以及牧羊人的笛子和斜倚着的两只猎犬。边饰上这个小花环纹饰的所有元素组合在一起是情人节图案，因此也叫作情人节纹饰。这个图案来源于勋爵安森于 1743 年为自己订制的瓷盘。设计的灵感来自安森和他的官方设计

师皮卡西·布雷特在一个叫作 tenian 的岛屿上为英国在西印第安殖民地收集面包树的经历。

图 11 所示器物饰以各色釉上粉彩图案，描绘有两个家族的纹章，分别属于安化斯的德·勒·比斯特利家族以及米兰和巴班的宝里家族。这大概是两个家族联姻而订制的瓷器。

2.3　西洋山水风景花卉

清代外销瓷上的欧式花卉，是中国画工参照当时欧洲流行的花卉植物印刷画，或者按照客商提供的样品、画稿摹绘，多运用西洋画透视技法。重写生、写实，强调阴阳向背、明暗变化，颇具立体感。与中国花卉热烈艳丽、繁缛饱满的风格相比，欧式花卉（图 12）描绘在瓷绘中更加小巧、清秀，显示出素雅、洁净的格调。

这一时期的来样订制瓷中也有典型欧洲山水风景的绘画作品，在俄国沙皇订制的餐具中有 140 多种图案，其中有很

图 12　清乾隆青花欧式花卉纹长圆盘（图片摘自《华风欧韵》）

图 14　广州十三行纹酒碗（图片摘自《瓷韵中西》）

图 13　清乾隆墨彩描金西洋风景纹盘

多西洋风景纹饰。清乾隆时期的墨彩描金西洋风景纹盘（图
13）的中心图案有一条河流从画面前景中向后伸展，两边的
山峦起伏，蜿蜒叠翠，河上架着一座双孔拱桥，桥边是住宅
建筑，山林河流建筑其构成的元素与中国风景园林的元素是
基本相同的，但是构图样式则体现了西方人的自然观，山石
树木与自然都被人工裁剪得比较规整，构图也四平八稳，左
右呼应，与中国园林庭院的构图形成鲜明的对比。

3　中西合璧纹饰

　　中西合璧的纹饰大多体现在这一时期的广彩瓷器上。广
彩瓷是广州织金彩绘瓷器的简称，是在瓷器彩绘的过程中，
借用提花织物中的"织金"手法来施加彩绘，从而取得金碧
辉煌的效果，最大的特色是在瓷器边饰上绘有大量的金边。
广彩瓷出现在康熙年间，到乾隆时期发展到成熟阶段，是我

国釉上彩瓷的一个独特品种，是适应外销需要而发展起来的
外销瓷。它是将景德镇生产的素胎白釉瓷运到广州后，由广
州当地的工匠按照西方人的要求施加彩绘后烘烧而成的。刘
子芬的《竹园陶说》中有详细的记载："清代中叶，海舶云
集，商务聚盛，欧土重华瓷，我国商人投其所好，乃干景德
镇烧造白瓷，运至粤垣，加雇工匠，仿照西洋画法，加以彩
绘，于珠江之河南，开炉烘染，制成彩瓷后售之西商。盖其器
购自景德镇，彩绘则粤之河南厂所加工者也。"因此，广彩瓷
从一开始就是中西方贸易繁荣的产物，瓷器上的造型与纹饰
也多为西洋风格和中国传统题材相结合，产量、品种亦多。

　　收藏于英国不列颠博物馆的十三行纹酒碗上的图案是一
副记录了清代广州十三行夷馆场景的历史画卷（图14）。碗
的外壁描绘了众多的贸易货栈，这些贸易货栈沿着城墙和
珠江的狭窄河岸而建。货栈门面很窄，画面中商船停靠在港
口，清代装扮的中国商人和身着礼服的欧洲商人在码头进行
着交易。图案上的建筑均层次分明，十分写实，结合了西洋
绘画的透视和解剖技法。

　　广彩瓷以其绚丽的色彩和奇巧的纹饰而闻名，特别是其
兼具中西文化色彩的纹样承载了中西方文化的互动和交流，
折射出人类审美的多样化。

4　结语

　　外销瓷上的纹饰，无论青花还是彩绘，都向世界展示了
中国本土文化对西方文化的接纳以及中西方文化的融合。外
销华瓷上的纹饰包含了18世纪中西方社会的宗教信仰、风
土民情、政治经济、艺术审美等各个方面。人物纹饰也综合
运用了西方绘画中写实、明暗、晕染、立体、以面造型等表
现技法，是中西方文化艺术相互融合、交流的成果。

　　外销瓷传到欧洲后，不仅成为欧洲皇室显贵陈设把玩的
奢侈品，更成了一般欧洲民众的日常生活必需品。通过中国
陶瓷上的美丽纹饰，西方人不仅感受到了中国的陶瓷艺术，
更加感受到了中国人的生活方式和自然环境。明清时期尤其

是康雍乾时期的中国在欧洲人眼里是一个高度文明的礼仪之邦，是他们心神向往的理想国度。外销瓷的西传不仅改变了欧洲人的生活习惯和方式，其所附带的山水人物绘画更是给刚走出中世纪的欧洲带来了全新的人和自然相融合的理念。这些包括花木、山水、亭台楼阁等的园林内容传入欧洲，对英国、法国、德国、俄罗斯等国家的园林理念和园林形式产生了深远影响，进而在 18 世纪催生了自然式园林景观在欧洲的出现。

明清时期的外销瓷是中国陶瓷历史中非常重要的一个篇章，它见证了中西方文化的相互融合以及世界贸易全球化的重大转变。山水园林纹饰是中国的传统纹饰，却在外销瓷器中得以大量应用，是中国山水园林观对外传播的极好见证。

参考文献

[1] 方李莉 . 中国陶瓷史 [M] . 山东：齐鲁书社，2013.
[2] 刘子芬 . 竹园陶说 [M] . 民国 14 年（1925 年）.
[3] 余春明 . 中国名片：明清外销瓷探源与收藏 [M] . 三联书店，2011.
[4] 方波 . 康雍乾时期外销欧洲华瓷人物题材纹饰 [J] . 池州学院学报，2012（2）.
[5] 胡雁溪，曹俭 . 它们曾经征服了世界——中国清代外销瓷集锦 [M] . 中国大百科全书出版社，2010.
[6] 江西省博物馆 . 华风欧韵——景德镇清代外销瓷精品展 [M] . 上海锦绣文章出版社，2010.
[7] 江西省博物馆 . 瓷韵中西——南昌大学博物馆藏外销瓷精品展 [M] . 上海锦绣文章出版社，2013.
[8] 梁正君 . 清代广彩人物纹饰与西方人物绘画 [J] . 文博，2009（5）.
[9] 魏一凡 . 浅析清代外销瓷器装饰纹样上的中国情韵 [J] . 美与时代·城市，2013（3）.
[10] 孙海彦，王涛 . 浓墨重彩——康雍时期外销青花瓷 [J] . 文物鉴定与鉴赏，2013（11）.
[11] 余靖 . 明代景德镇外销瓷山水园林纹饰初探 [J] . 大众文艺 . 2016，11.

Appreciation of Export Porcelain Decoration in the Ming and Qing Dynasties

Xing Lan   Huang Yi-gong

Abstract: Export porcelain means the porcelain for export in Chinese history. A large number of Chinese porcelain were sold to Western countries in Ming and Qing dynasties. Distinctive decoration on porcelain gives it unique charms. There are two categories about porcelain decoration in this period. One kind is full of Chinese feature, taking Chinese figures, landscapes, flowers and so on as the subject. The other kind takes Western myth, characters, scenery and flowers as the subject, according to the needs of Western countries. Colorful decoration fully reflects the communication and fusion of Eastern and Western cultures. The painting about natural scenery on export porcelain brought a new concept of integration between human and nature to Europe who was just out of Middle Ages, and then gave birth to natural garden landscape in Europe in the 18th century.

Key words: Ming and Qing Dynasties; export porcelain decoration; cultural exchange

作者简介

邢兰 / 1988年生 / 女 / 河北保定人 / 助理研究馆员 / 硕士 / 毕业于天津师范大学 / 就职于中国园林博物馆北京筹备办公室 / 研究方向为历史学与文化
黄亦工 / 1964年生 / 北京人 / 教授级高级工程师 / 硕士 / 毕业于北京林业大学 / 现就职于中国园林博物馆北京筹备办公室 / 研究方向为展览陈列、园林历史

从"藏品价值"到"机构价值"：关于博物馆社会化发展的思考①

刘迪

摘　要：博物馆在社会化发展中经历了由"藏品价值"向"机构价值"的重心迁移，这一过程在museum词义演变、博物馆学发展、遗产的博物馆化、博物馆陈列取向递变等4个方面均有所体现。藏品价值与机构价值看似此消彼长，实则互为表里，交织共生。博物馆机构价值存在并发展于由价值观、目的、功能、公众/社会所构成的关系系统之中。机构价值的实现在博物馆社会化发展中作为主导因素也面临一系列问题：价值定位中理想与现实的矛盾、博物馆机构的"刻板印象"、博物馆机构边界模糊等。实现博物馆机构价值与藏品价值对接，既是解决以上问题的有效办法，也是推进博物馆社会化发展的正确路径。

关键词：博物馆；社会化；机构价值；藏品价值

当代博物馆社会化发展高歌猛进，关注社会进程，参与社会议题，增强与公众互动，并借助新媒体深入公众日常生活。当下公众对博物馆的感知已非单纯源自所谓"镇馆之宝"、"文物精品"，也来自于博物馆多样的教育活动、官方微博或微信推送的"段子"、博物馆商店（网店）售卖的文化创意产品……这时，博物馆在公众认知中从"百宝箱"、"炫宝台"方还原为一个具有复合意义和功能的社会机构，被"藏品价值"遮蔽的"机构价值"得以显现。与博物馆社会化密切相关的机构价值的"发现"远滞后于藏品价值，对博物馆从藏品价值到机构价值的重心迁移史与认知史的探究恰是揭示博物馆社会化发展路径的基础性步骤。

1　博物馆机构价值的含义及发展

1.1　博物馆机构价值释义

马克思认为，"价值"这个普遍的概念是从人们对待满足他们需要的外界物的关系中产生的[1]。这样看，价值是客体满足人的需要的属性，而价值的大小即是客体满足人的需求的程度，客体的有用性构成了价值的基础。博物馆对社会及公众的"有用性"毋庸置疑，而长期以来却止步于"笼统"的博物馆价值认知，并以此为基础建构博物馆的发展。理论的瓶颈已然造成博物馆发展中的局限，对博物馆价值的深层探究构成博物馆学的现实使命。

在博物馆价值的剥离中会发现交织在一起的藏品价值和机构价值两个方面。藏品价值以藏品自身的物理存在及信息属性为基础，并需通过满足公众需求的某种实践活动才能得以最终实现。前者为藏品的潜在价值，后者为藏品的实现价值。从藏品的潜在价值到现实价值的转化，并非依靠藏品自身独立完成。这时，博物馆机构存在的价值便得以显现，博物馆机构为这一转化过程提供了各种主观、客观、物质、技术等方面的条件，从而一方面挖掘藏品潜在价值的新效用，不断满足社会公众日益更多的需求；另一方面也实现了藏品价值的增值，实现以机构为中心的藏品的量的不断聚集和通过机构转化实现的质的不断翻新。博物馆机构价值无法为藏品所替代，两者相互依存，却截然不同。

价值和价值取向是两个不同的概念。价值取向的一般含义是指在主体价值观念影响下的一种行为取向[2]，因而价值取向具有实践品格。由于人们对博物馆认知持有不同标准和价值尺度，所形成的博物馆价值观也存在差异。当某一种价值观内化为博物馆行为导向时，也便形成了博物馆的价值取

①　基金项目：江西省艺术科学规划项目"审美心理视阈下博物馆陈列艺术设计研究"（项目编号：YG2015042）。

向。在博物馆中存在两种典型且迥异的价值取向：传统博物馆学的"藏品立本"论和新博物馆学的"观众中心"论，后者在当下已获得普遍共识，是当前博物馆中一种普遍的价值取向。

博物馆的社会化、机构价值在博物馆价值构成中的上升与博物馆"观众中心"价值取向的转变三者深刻地交融在一起，从历时角度看三者表现出同步性。

1.2 博物馆机构价值的发展

博物馆机构的诞生孕育良久而发生急促，在大门向公众敞开的一瞬，原本自娱自乐的私人天地蜕变为社会机构。如同"机构"初始含义所指出两个或两个以上构件通过活动连接形成的构件系统，博物馆机构诞生之初便形成了由相关功能所组成的机构运作系统。此后，被国家权力接受并支配，从而获得作为社会机构的合法性。

与博物馆机构诞生过程相比，其机构价值的成长则经历了漫长的时光，在藏品价值的遮蔽之下逐渐显现。

第一，museum 词义的演变。museum 源于希腊文 mouseion，意为缪斯女神神庙。公元前 3 世纪亚历山大图书馆的附属部分也以此命名。中世纪，这一概念几乎在欧洲西部消失[3]。至 15 世纪得以复活，用以称呼佛罗伦萨权贵洛伦佐·美第奇那庞大的收藏品[4]。Museum 虽一直与艺术、艺术品相关，却由初始的场所意义转变为艺术品的集合。16世纪用以表达"博物馆"概念的两个词是画廊（gallery，指宽敞而狭长的空间）、储藏室（cabinet，指正方形的房间）[5]，其出现是否为填补场所意义用词的缺失仍有待考证。17 世纪，阿斯莫林博物馆（Ashmolean Museum）成为西欧第一个以博物馆自称的机构。此时，"博物馆"一词开始专指藏品和收藏设施二者的总和[6]。由此，"藏品"与"机构"对 museum 词义的争夺进入一个新的历史阶段。

第二，博物馆学的发展。博物馆作为研究机构，早期研究完全投注于藏品，将机构本身有意识地纳入研究范围则相对较晚。从 1885 年英国人杰·格拉瑟第一次提出并使用博物馆学（Museology）这一术语算起[7]，距博物馆诞生，中间二百余年的时间里，除了藏品分类、保护及陈列方法的博物馆志（Museography）式探索，对机构的研究几近空白。迟到的博物馆学最终为机构价值的实现指明方向，并成为机构得以"类聚"的学术基础。此后出现的新博物馆学则更为重视博物馆的目的，使工作重心由"物"转变为"人"，并强调为社会及其发展服务[8]。博物馆的机构价值得到进一步升华。

第三，遗产的博物馆化。收藏是博物馆基础性功能，收藏对象可概括为"人类及人类环境的物质及非物质遗产"。伴随人们对遗产认知的深化，博物馆收藏范围不断拓展，由早期物质的可移动实物，发展至今，已囊括非物质遗产、工业遗产等新兴遗产类型。如果说传统博物馆的产生是将游离状态的遗产集中，再经历博物馆化，那么某些新型遗产则是通过直接博物馆化来实现的，如沈阳铸造博物馆便是对工业

遗产——沈阳铸造厂大型生产车间的博物馆化[9]。与工业遗产相仿，非物质遗产也在经历博物馆化的过程。博物馆虽非保护与实现遗产价值的唯一之途，但遗产的博物馆化证明了博物馆机构在对其保护和利用中的作用与价值。

第四，博物馆陈列取向的递变。从内部看，博物馆机构价值的发展在陈列取向的递变中体现尤为明显。宋向光先生认为，公共博物馆展陈的内容和呈现，经历了科研标本、教学文本、故事讲述、信息传达等阶段[10]。早期科研标本式的展陈对象主要是从事科学研究的专业人员，直到工业革命后，博物馆陈列对象扩大为一般公众，陈列才由碎片化转变为知识体系构建，而具有教学文本的形态与作用。20 世纪中期以后，"公众"受到博物馆空前重视，从公众需求、特征出发的故事讲述、信息传达成为陈列的主流取向。在陈列取向的历史流变中，陈列的阐释性逐步增强，由展品定位走向信息定位，博物馆作为阐释机构的价值逐步明确。与此同时，博物馆教育由高度依附陈列到渐趋独立，其地位在诸种职能中不断上升。这也使博物馆摆脱了"藏品展示即博物馆"的印象。

藏品价值与机构价值看似此消彼长，实则互为表里，交织共生。社会化驱动了这种变迁；而此种变迁也不断地在加深博物馆的社会化程度，成就其社会价值的实现。

机构价值强调整体性和系统性，藏品价值则倾向于碎片化的藏品个体作用。藏品价值并非随着机构价值的增强而式微，而是在机构价值作用下，碎片化的藏品个体价值经由机构的阐释、转化加工与传播等环节而具有对象性、目的性和作用性，从而实现价值增值。由此，机构可被视为藏品价值的增强机制。

2 博物馆机构价值的表现及其系统

2.1 博物馆机构价值的表现

藏品价值主导下的博物馆有两种表现：其一，以物为中心，保护大于利用，这时博物馆机构倾向独立于社会系统之外；其二，忽视人的需求，博物馆仅提供有限的开放和服务。而机构价值主导下的博物馆则与之相反，以公众需求为要务。机构价值的表现从以下 3 个方面可见一斑。

第一，博物馆建筑空间的改造。早期博物馆建筑并非为这一机构所专门修建，以卢浮宫为例，其原为法国最大的王宫建筑之一，以收藏丰富的古典绘画与雕刻而闻名于世，法国大革命后正式对外开放，成为公共博物馆。后随参观量增大，这座建筑原本的入口设计已不足以接纳每天的参观者，为解决此矛盾，1989 年在博物馆的庭院内建造了卢浮宫金字塔作为建筑的主要入口。经此入口，参观者先下行进入一个宽敞的大厅，然后拾级而上参观博物馆各展厅，重新安排的卢浮宫参观流线，不但通畅而清晰，也使公共空间具有丰富变化。在某种意义上，贝聿铭金字塔的出现不仅改造了卢浮宫的空间格局，也使这一空间性质发生变化，从传统的收藏

文物的空间转化为现代公共博物馆。此外，当代博物馆中不断加大的展厅外公共空间以及博物馆向虚拟空间的延伸无不是博物馆机构价值在空间上的表达。

第二，博物馆开放时间的延长。博物馆公开性是一个历史的范畴[11]。以大英博物馆为例，其早期开放有诸多限制，参观者要提供证明以示他们是"被承认的合适的"参观者，才能从守门人那里拿到票，一个小时内，游客不能多于10人，同时一组不能多于5人进行参观[12]。随博物馆与社会互动加深，其开放程度逐渐增大，2007年9月大英博物馆中国秦始皇兵马俑展获得超高人气，为满足观众需求，大英博物馆延长开放时间，闭馆时间延迟至晚上11：30，周六周日开馆时间由原来上午10：00提前到9：00[13]。此外，欧洲"博物馆之夜"也逐渐常态化，在每年中一天或连续几天的晚上举行，延续到次日凌晨。届时，博物馆等文化机构将向观众免费开放，并推出多种具有娱乐性和体验性的文化活动[14]。博物馆机构价值在时间上的体现由此可见。

第三，博物馆服务及周边产品的发展。社会化使博物馆由原本围绕藏品所生成的价值拓展到藏品与社会公众互动所生产的价值。博物馆服务便是后者的直接体现。服务内容由原有的陈列、教育和科研服务拓展到满足公众休闲和文化消费需求的服务，其范围也扩展到馆外，并通过互联网，博物馆服务扩展到世界的每一个角落[15]。当下博物馆文创产品蓬勃发展正适应了公众休闲文化消费需求。以故宫博物院为例，至2015年底共计研发文化创意产品8683种，拓展线上线下销售渠道，建立文化创意馆，将其作为观众离开故宫博物院前的"最后一组展厅"，丰富观众对于博物馆文化的体验，并实现其把"博物馆文化带回家"的愿望[16]。

2.2　博物馆机构价值系统

从系统论角度看，博物馆机构价值的发展是博物馆由简单粗略系统走向复合严密系统，并逐步参与社会系统发挥作用、产生影响的过程。而从认识论来看，价值属于关系范畴，是指客体能够满足主体需要的效益关系，表示客体的属性和功能与主体需要间的一种效用、效益或效应的关系[17]。博物馆机构价值也存在并发展于一定关系系统之中（图1）。

博物馆价值以一定的博物馆功能为实现基础，即博物馆收藏、研究、教育等功能对社会或个人存在与发展所呈现的意义；同时，价值本身也是功能及效用的体现与评价。而任何社会机构均有一定价值观作为指导和支撑，进而与社会（公众）对其需求相协商，转化为机构目的，目的的实践向转化成为机构功能；而机构目的的调整与变化也影响并改进机构的功能形态，例如博物馆价值观从"物"到"人"的迁移，便使其功能的现实地位发生改变并产生增值。

博物馆机构价值的实现方式与其"实物性"特征紧密相关，而"实物性"特征又主要是对藏品形态的描述。因而，博物馆藏品价值与机构价值构成对立统一的关系，"统一"体现为藏品价值是机构价值生成的基础，两者相互依存，相

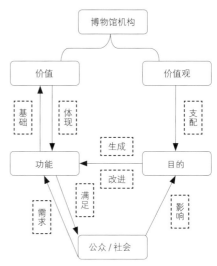

图1　博物馆机构价值系统结构图

互渗透；"对立"则表现为藏品价值与机构价值在发展中的竞争性，即机构价值脱离藏品的发展倾向与藏品中心观念造成的机构功能收缩。

博物馆机构价值是经由博物馆实践而最终获得的，博物馆具体实践者是博物馆工作人员。可以说藏品是博物馆机构价值的基础，而博物馆人力资源则是机构价值的生产者，是他们使藏品价值得以实现并产生增殖。博物馆机构价值在根本上是在其机构价值观、目标之下以人力资源的细化分工与协作来实现的。

3　机构价值视域下博物馆社会发展的问题与路径

3.1　博物馆社会化发展中的问题

在社会化过程中，博物馆机构化程度加深，机构价值凸显。然而这一看似富有生机的过程也隐藏着一些或新或旧的问题。

第一，价值定位：理想与现实的矛盾。博物馆作为社会机构在其发展中经历了从精英向大众的转变，从学术研究的象牙塔到社会需求服务站的转化，从相对封闭的自我系统向热衷参与社会发展的演化。当代博物馆机构价值定位便由此确立，却也陷于理想与现实的多重矛盾之中：博物馆如何在坚守传统与推进变革之间寻求发展衡？藏品价值与机构价值不需要平衡吗？博物馆如何忠于知识建构与传播的理想，又能适应时代和社会的现实需求？博物馆该不该为了适应而走向娱乐化？博物馆作为知识生产和传播机构如何处理知识共享与知识权力之间的矛盾？在开放性和服务性不断加强的当下，博物馆与公众的关系和地位真的发生根本性改变了吗？

第二，博物馆机构的"刻板印象"。刻板印象是人们头脑中关于世界的先在图景，是人们对社会某一类群体概括性的知识结构，它在社会互动中规范着人们的价值判断和行

为反应,一旦形成便具有很强的稳定性[18]。刻板印象有积极的一面,也有消极的一面。后者表现为先入为主,以偏概全,使人在认知时忽视个体差异,从而妨碍做出正确评价。博物馆机构虽经历着不断的社会化,但在公众心目中的刻板印象仍具有一定消极性:博物馆代表着一种落伍陈旧、与世隔绝的记忆——色彩单调的建筑,灯光昏暗的展室,罩在玻璃柜中的文物……"请勿触摸"和"请勿拍照"的警示牌,晦涩难懂的解说词[19];此外,还有太过严肃死板[20]、高冷[21]、保守[22]、神秘、枯燥[23]等。这些对博物馆机构的消极刻板印象对博物馆社会化发展仍具有相当大的阻碍。为何在博物馆社会化发展程度较高的当下仍未消除此种消极刻板印象?消除的办法何在呢?

第三,博物馆机构边界模糊。博物馆机构的边界变动一直较为剧烈,原因之一在于博物馆在适应社会与公众需求过程中功能拓展所导致的机构膨胀,表现为博物馆内在部门的增设,当前国内博物馆内在部门较建国初期"三部一室"模式有了非常大的变化,其功能也相应地增加并得以拓展,与教育、娱乐等机构的分野愈加模糊。同时,社会专业化下的分工细化,使博物馆原有内部功能转移到博物馆外部,其中博物馆策展及实施领域体现最为明显,因而博物馆越来越频繁地与相关机构合作互动,功能的交互在一定程度上也增强了机构边界的模糊。以社会价值实现为初衷的博物馆社会化使机构外部边界的模糊最终可能会导致机构独立性的消失,即从博物馆功能的"泛化"发展为其机构的"异化"。如何遏制这种有违初衷的社会化发展呢?

3.2 博物馆社会化发展路径:博物馆机构价值与藏品价值的对接

博物馆的社会化是一种正向因素,然而围绕它出现的问题却也是客观的。应认识到这些问题虽一定程度上构成博物馆机构发展的制约,但也是使博物馆机构能够真正保持活力的因素,诸种问题与矛盾所形成的张力使博物馆具备了更强的社会适应性与探索性。

第一,博物馆机构价值的定位。博物馆机构价值是客观的,而其价值定位则是在博物馆历史、性质、特征、社会需求等因素共同作用下主观能动的价值策略选择。博物馆机构与社会间的互动共生关系,使博物馆机构价值定位随时空环境的变化而呈现出不同。因此可以说,博物馆虽有稳定的价值发挥,却没有长久不变的价值定位。首先,博物馆作为以实物为基础进行知识建构与传播的机构,实物性、研究性和教育性决定了其独特价值,此为价值定位的基本点。其次,博物馆应按照社会发展的新要求及时调整价值定位,寻找发挥价值的有效功能或工具,如新媒体的利用一定程度上增强对社会生活的影响力,改变了消极刻板印象。再次,在固守核心价值前提下,应容纳由个体特殊性而产生的多元化的具体价值定位,从而实现具体机构特征的差异性,这也是机构核心竞争力的重要指标;另一方面,一部分问题在多元化的具体目标下也可得以协调和平衡。

第二,与藏品价值的对接与平衡。博物馆机构如脱离藏品这一核心资源而无节制地发展,必然出现一些极端现象,如先开馆再找藏品的"速成馆"、重场景轻内涵浪费巨大的"空壳馆"。因而,在博物馆机构价值的实现过程中应注重与藏品价值相对接,即博物馆功能的实现应围绕藏品资源的转化与利用。这样也有利于机构边界的清晰与机构功能的适度发展。同时,也要关照到藏品与机构价值间的平衡,如果藏品价值遮蔽了机构价值,其社会化道路必然受阻;反之,博物馆机构则会被架空,或行将变质。

参考文献

［1］(德) 马克思,(德) 恩格斯. 中共中央马克思恩格斯列宁斯大林著作编译局译. 马克思恩格斯全集第 19 卷［M］. 北京：人民出版社,1963：406.

［2］徐玲. 价值取向本质之探究［J］. 探索,2000,2：70.

［3］(美) 爱德华·P. 亚历山大,(美) 玛丽·亚历山大. 陈双双译. 博物馆变迁：博物馆历史与功能读本［M］. 译林出版社,2014：6.

［4］(日) 佐佐木健一. 赵京华,王成译. 美学入门［M］. 成都：四川人民出版社,2008：21.

［5］徐玲. 博物馆与近代中国公共文化(1840-1949)［M］. 北京：科学出版社,2015：62.

［6］王宏钧. 中国博物馆学基础(修订本)［M］. 上海：古籍出版社,2001：17.

［7］甄朔南. 新博物馆学及其相关的一些问题［M］// 甄朔南博物馆学文集. 北京：中国大百科全书出版社,2008：104.

［8］苏小涵. 中国沈阳工业博物馆工业文化遗产的保护利用及发展前景浅析［J］. 辽宁工业大学学报(社会科学版),2015,1.

［9］宋向光. 博物馆展陈内容多元构成析［J］. 东南文化,2015,1：113.

［10］史吉祥. 论博物馆的公共性［J］. 中国博物馆,2008,3：26.

［11］(美) 莎朗·韦克斯曼. 王若星,朱子昊译. 流失国宝争夺战［M］. 杭州：浙江大学出版社,2014：217.

［12］Event Information: Terracotta Army at British Museum, 载 VIEW［OL］, http://www.view.co.uk/london/e/terracotta-army-at-british-museum-13-september-2007.

［13］谢雨婷. 欧洲 “博物馆之夜” 活动初探［J］. 科学教育与博物馆,2016,2.

［14］宋向光. 博物馆进入服务时代［N］. 中国文物报,2006-07-07 (6).

［15］陈杰,张致宁. “故宫文创” 10 亿销售额炼成记［N］. 北京商报,2016-04-20 (4).

［16］杜利英. 马克思主义哲学原理与方法：以实践为基础［M］. 北京：人民出版社,2013：326.

［17］付洁. 刻板印象的生成与变化机制研究——以中国革命历史影片的英雄刻板印象为例［D］. 夏门：厦门大学,2009.

［18］田静. 论博物馆的服务意识［M］// 博物馆学论文集. 西安：陕西人民出版社,2006：61.

［19］孙震,樊祥叙. 43.2% 受访者出游会把当地博物馆作为必到之地［N］. 中国青年报,2015-10-15 (7).

［20］杨琳. 为博物馆发声 彰显城市文化底蕴［OL］. 腾讯大辽网,2016-05-17. http://ln.qq.com/a/20160517/071324.htm.

［21］林月白. 博物馆之美由内而外［N］. 海南日报,2016-05-16 (19).

［22］刘晨茵. 让博物馆成为文化景观［N］. 浙江日报,2016-05-18 (13).

［23］博物馆建设 “高烧” 背后隐忧多［N］. 新华每日电讯,2015-03-03 (6).

From Collection Value to Institutional Value-consideration on the Development of Museum Socialization

Liu Di

Abstract: The social development of the museum experienced the migration of its gravity center from "collection value" to "institutional value", and this process was reflected from four aspects: semantic change of "museum", museology development, heritage musealisation, the change of museum display orientation. The collection value and the institutional value shift seemingly，but they interact and entwine actually. The existence and development of museum institutional value is in the system of the relationship among the values, aims, functions, and the public/ society. The realization of institutional value is also facing a series of problems in the social development of the museum: the contradiction between ideality and reality in the value orientation, the "stereotypes" of museum, the fuzzy boundary of museum. To achieve the match of institutional value and collection value, is an effective way to solve the above problems, and is also a correct path of the museum social development.

Key words: museum; socialization; institutional value; collection value

作者简介

刘迪 / 男 / 1982年生 / 博士 / 江西师范大学博物馆学系讲师 / 研究方向为博物馆学

基于传统园林艺术的博物馆文化创意产品开发研究

张楠

摘　要：独具鲜明特色和文化底蕴的博物馆纪念品，作为历史文化信息的载体，具有博物馆名片的作用，对于宣传博物馆和传播博物馆文化具有很强的作用。本文在综述当前博物馆文创产品开发现状及存在问题的基础上，对作为中国传统文化重要组成部分的中国园林的艺术特征和文化内涵进行了研究和分析，并结合中国园林博物馆文化创意产品开发的实践，提出了博物馆文创产品开发的新思路，以期为相关博物馆文化创意产品的开发提供参考。

关键词：风景园林；园林艺术；博物馆；文化创意

---

1 博物馆文创产品的现状

1.1 博物馆文创产品开发的目的和意义

人们在游览参观时，都希望能够带回一些特色鲜明、方便携带、实用性强、物美价廉的纪念品以作为此次出行的见证。在众多旅游文化纪念品中，博物馆开发的旅游纪念品往往被赋予了更多地方特色、文化个性和艺术品位，博物馆的文化产品销售到哪里，其中所蕴含的历史文化信息就将被传播到哪里。因此，重视旅游纪念品的开发，也就是注重博物馆的宣传。彭健康指出，博物馆在建设之初就应该考虑到今后的开发渠道和产品开发问题，探索建立相应的管理运营机制，形成一个综合性的有效办法[1]。

1.2 博物馆文创产品开发现状

1.2.1 国外博物馆纪念品现状

欧洲博物馆针对文化商品都有专门的图册进行介绍，非常便于游客选择。同时，针对博物馆的文化商品，相应的服务也十分周全。以美国大都会博物馆为例，其拥有全美国最大的博物馆商店，馆内销售的书籍约 6000 多种，销售的商品超过 2 万种，且各具特色，制作精美。博物馆开发商品非常谨慎，但销售面却很广，每年寄出 1300 多万本商品目录，为 60 万人邮售商品，在本国内多个城市设有分店，甚至在奥地利、墨西哥、日本、印度等国外机场或百货商店都能见到大都会博物馆商店的踪影。如今商店全年营业额超过 2 亿美元，比我国所有博物馆商店的总和还多[2]。国外博物馆开发的文化产品设计整体感觉文化品位较高，种类较多，价格梯度差异合理，而且产品制作精美、考究，游客可选择的面很广，因此销量相对较好。

1.2.2 我国博物馆纪念品现状

我国博物馆文化产品的设计开发起步较晚，从 2007 年 9 月召开的首届"博物馆文化产品研讨会"开始，这一行业逐渐在国内得到普遍认同。与其他文化事业飞速发展及人们对博物馆文化产品的需求相比较，博物馆文化产品的设计、开发、运作显得相当滞后。根据对国内部分博物馆文化产品开发的调查，近十年来上海博物馆配合展览陈列，以图书、复仿制品和纪念品为主，累计开发各类文化产品 1600 余种；湖南省博物馆自主研发的产品达 9 类 70 多种，月销售呈现不断攀升的趋势[3]。但从总体上来说，我国博物馆文化产品设计开发经营的现状还处于起步、探索、培育、发展的初级阶段，整体水平不高，基础比较薄弱，与博物馆文化产品开发发达国家相比差距很大。

1.3 博物馆文创产品存在的问题

1.3.1 博物馆文创产品开发基础薄弱

博物馆文创产品的开发始终围绕着用主流的产品代替文创产品，贴上自己博物馆标志。这样的产品随处可见，仅仅不同的就是标志的变化。博物馆文创产品种类陈旧、没有创意、不具备文化内涵等问题导致文创产品滞销。博物馆文创产品的核心竞争力并没有通过开发而表现出来，开发的观念及基础非常薄弱。

1.3.2　相关人才队伍匮乏

文创产品开发的人才队伍不但在文化艺术上要求具有较高的素养和创新能力，而且应具备博物馆相关专业知识和素质。目前，文化创意产品相关人才的缺乏已经成为博物馆文创事业发展的制约因素。只有加强培养和引进一批具备文创及博物馆文化底蕴的复合型人才，才能更好地推进博物馆文创工作。

1.3.3　财政支持力度薄弱

优秀的文创产品需要不断推敲更新，构思新颖且质量上乘，完成这些工作在市场经济的大潮中无疑需要大量资金去实现，因此从某种程度上说，财政支持的力度直接影响到文创开发的品质。目前很多博物馆为了开发而开发，才会生产出大量的滞销产品，而滞销的文创产品又致使博物馆不愿投入更多的精力去搞活。

2　中国园林文化艺术特征分析

2.1　中国园林概述

中国园林有着悠久的历史，是东方园林的典范，被誉为"世界园林之母"。中国园林作为一门艺术，同其他艺术形式一样，在其发展过程中不断融入一些社会因素，从来没有一种建筑形式像中国园林一样能把文学、书法、绘画等艺术形式融合得如此生动自然，浑然一体[4]。同时，中国的园林艺术是世界景观设计艺术最为丰富的遗产之一，它不仅综合了中国多种艺术形式，而且反映了中国"天人合一"的传统思想。

2.2　中国园林风格特征

中国古典园林作为一个成熟的园林体系，若与世界上的其他园林体系相比较，它所具有的个性是鲜明的。而它的各个类型之间又有着许多相同的共性。这些个性和共性可以概括为四个方面：（1）本与自然、高于自然；（2）建筑美与自然美的融糅；（3）诗画的情趣；（4）意境的含蕴。这就是中国古典园林的四个主要特点，或者说，四个主要的风格特征[5]。

2.3　中国园林的文化内涵

中国园林充分展现了中国文化的精华，其丰富多彩的内容和高度的艺术水平在世界艺术之林中独树一帜。中国园林艺术是中国传统文化精髓的再现。中国园林历史悠久，造园技艺源远流长。中国园林善于模仿自然，而又高于自然，故有"虽由人作，宛自天开"的说法。中国园林文化内涵或通过书画表现出造园人的理想、追求，或参以诗词表现造园人的情调与性格，或通过文学抒发造园人的境界与抱负，或利用戏曲表达造园人的操守与人格。所以，中国园林是建筑、山池、园艺、绘画、戏曲以至诗文等多种艺术的综合体，并

体现在因地制宜，源于自然，高于自然，而又融于自然。通过对中国园林文化要素的理解，从而使得我们受到了更多的启发，利用书法、绘画、文学、戏曲等这些文化符号，延展到文创开发中去，巧妙地将中国园林文化表现出来。在深入挖掘中国园林深厚文化底蕴的基础上，相关文化创意产品将成为重要的文化创意之源。

3　中国园林博物馆文创产品开发思路

3.1　融入中国园林文化内涵

博物馆的纪念品区别于其他的旅游纪念品最大的不同就是融入了丰富的文化内涵。基于中国园林博物馆文创产品开发的思路之一就是要深入挖掘博物馆"背后的故事"，让整个文创产品带着浓厚的园林文化色彩。因此，中国园林博物馆文创产品开发要基于对中国园林文化的理解，要善于运用中国园林特有的文化要素（图1）。只有注入文化的文创产品才能激发游客"把博物馆带回家的"的想法，才会受到更多人青睐。

3.2　融入博物馆特有符号

每个博物馆都馆藏着丰富的藏品，而这些藏品即是博物馆特定的符号。基于此，无论是复仿制品还是衍生品的设计，哪怕是一个图案的设计，都应该紧密围绕着中国园林博物馆独具特色的藏品。只有这样的设计才可以充分体现中国园林博物馆文化产品的与众不同。所以，中国园林博物馆文创产品开发思路应围绕中国园林博物馆馆藏，深入挖掘藏品"背后的灵感"，注入文创产品上，体现出藏品文化价值（图2）。这样的文创产品不仅用产品凸显了自己的品牌，更有独一无二的魅力。

3.3　融入实用性理念

博物馆的文创产品也同于一般文化产品一样，在设计上必须基于人的需求，而不是一时心血来潮的盲目设计。中国

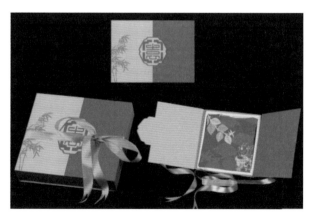

图1　融入中国园林艺术设计的纪念品

图2　中国园林博物馆特色文创产品

图3　美国大都会博物馆纪念品

图4　梵蒂冈博物馆的纪念品

图5　中国园林博物馆开发产品黑白平衡杯

园林博物馆的文创产品设计要与日常生活相关，充分融入实行性理念。经过一段时间的经营管理发现，越是与参观者生活息息相关的产品越能激发购买欲望，越容易销售。所以，文创产品的实用性是开发之处需要认真考虑的一个重要方面。

3.4　融入分价格、分档次的理念

中国园林博物馆文创开发要考虑到产品价格的差异化。只有做到大、中、小相结合，高、中、低档次分明，贵、中、贱相穿插，才能满足不同消费层次的多元化需求。根据国外博物馆的成功经验可以发现，多元化纪念品种类是博物馆文化产品开发的一个现状。价格的差异让纪念品的选择更加丰富，不但要有复仿制精品还要有普通纪念品，以满足不同参观者的购买心理。

3.5　设计精美，有较高的审美价值

博物馆是兼顾文化与高雅的艺术殿堂，因此，中国园林博物馆设计的文化产品应与博物馆特殊身份相匹配，应符合博物馆高雅的品位。哪怕是一个小物件的设计，都要做到设计精美考究。国外博物馆在制作纪念品时都很用心，往往会请专人精心设计，请专门的公司制作，以保证产品的质量。否则，纪念品是在博物馆购买的，如果因为质量不好，就会影响到博物馆的名誉。例如，美国大都会博物馆的纪念品，不管是精巧的大型纪念品或是便携小巧的普通纪念品，包括包装在内都是精心设计、制作精良的，非常受欢迎（图3）。中国园林博物馆的文创产品设计应注重细节、精心设计，每一件成品都应该体现着设计者和博物馆的品位。

3.6　种类丰富、成系列

纵观成功的商品或者文化用品，突出卖点、形成系列是适应市场的潮流。国外大部分博物馆的文化产品不仅具备系列化特征，并且经常随着展览推出限量版的产品，在系列化的概念里加入限量的元素，提高参观者对系列化产品的热衷（图4）。在中国园林博物馆文创产品设计中，选择大众比较热衷的主题，围绕主题开发设计出不同形式、品类的产品，形成系列化，可以瞬间引起参观者的兴趣（图5）。

3.7　设计有故事性及延展性

产品设计有故事性及延展性，让参观者在购物的同时，能体会到购买这件产品所散发出来的魅力。中国园林博物馆文创产品设计思路要按着由浅入深的层次，表面层次即简单的带LOGO的产品，而深层次则可以设计带有故事性以及故事的连续性的产品。这样的文创产品可以充分调动购买者的积极性，激发对博物馆文创产品的购买兴趣。

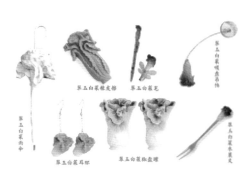

图6　台北故宫博物院翡翠白菜纪念品

图8　中国园林博物馆设计的包装

3.8　逐渐建立起品牌意识

品牌是生产经营者为使自己的产品与其他生产经营者的相同或类似的产品相区别，而加在自己产品上或在经营活动中使用的特定标识（图6）。中国园林博物馆文创产品设计应逐渐形成品牌意识，这既是一种区别，又体现了自身的独特性。塑造一个良好的品牌形象已经是博物馆文化产品发展的一项重要工作。品牌化运作是中国园林博物馆增强吸引力、扩大市场号召力的重要手段。制作出品质精良的文化产品可以将博物馆的文化特色、审美价值等无形资产赋予物质化形态，增强人们对园林博物馆特有品牌的感知（图7）。

图7　中国园林博物馆设计片石山房倒流香

3.9　注重包装的设计

一般来说，消费者对商品的包装是非常重视的。博物馆文化产品相比市场上其他同类产品，竞争力体现在它具有更高的人文和科技附加值。高附加值不仅意味着更高的利润率，同时也是博物馆教育、传播等职能的延伸。如果一味只顾着精心设计产品而忽略了产品包装设计，那么整个产品的品质仍是不足的。所以，中国园林博物馆文化产品的设计者不但应精心设计产品，在具体操作中，还应将博物馆包装设计当成文化产品设计的一个重要环节（图8）。

4　结语

中国园林博物馆文化创意产品开发工作起步较晚，如何成功将这张"博物馆名片"开发好，并成功帮助人们回忆参观博物馆的情景，加深印象，对博物馆运营来说是一个考验。除了要具备一般产品的开发思路外，博物馆文创产品开发人员还需要提升综合素养及品位，拓宽设计的视野。同时，对于基于中国传统园林艺术而兴建的中国园林博物馆来说，想要提升文创水平，还要在开发之初吸取中国园林精华之美，把中国园林崇尚的艺术融入文创产品中去。随着中国园林博物馆全面发展化进程，探索新的文创开发思路，开发出优秀的文创产品将是指日可待的。

参考文献

[1]康晓蓉，吴燕子.发展博物馆是一举多得——专访四川省文化厅文化产业处处长、四川师范大学巴蜀文化研究中心研究员彭健康[J].西部广播电视，2008，4：48 - 49.

[2]湖南省博物馆.国外博物馆文化产品发展现状[M].

[3]国家文物局博物馆司博物馆处.博物馆文化产品研讨综述[N].中国文物报，2007-9-16（6）.

[4]王其均.中古园林建筑语言[M].北京：机械工业出版社，2007.

[5]周维权.中国古典园林史[M].北京：清华大学出版社，2008.

Study on Creative Cultural Products of Museum on the Basis of Traditional Chinese Garden Artistry

Zhang Nan

Abstract: As the carrier of historical and cultural information, creative cultural products of museum, which have distinct characteristics and cultural deposits, play a role as the business card of the museum. They also exert strong influence on the promotion of the museum and the dissemination of museum culture. Based on an overview of the current situation and difficulties in the development of creative cultural products of museum, a study and analysis were conducted on the artistic characteristics and cultural connotation of Chinese gardens, which are an important constituent part of the traditional Chinese culture. Furthermore, the practical development of creative cultural products of the Museum of Chinese Gardens and Landscape Architecture is integrated, and new thought in the relevant development were proposed. It is hoped that certain reference can be provided to the development of relevant creative cultural products of museum.

Key words: landscape architecture; garden; museum; creative cultural products

作者简介

张楠 / 北京人 / 1984年生 / 工程师 / 毕业于北京农学院 / 就职于中国园林博物馆北京筹备办公室 / 研究方向为园林艺术与文化

科普游戏研究及其实践应用进展①

吕洁　张宝鑫　钱军　刘芳

摘　要：科普游戏作为一种新兴的游戏类型，已成为科普活动中一种卓有成效的方式，在参与科普游戏过程中除享受玩游戏的乐趣之外还能普及科学知识，达到寓教于乐的科普效果。在系统总结当前科普游戏发展和研究开发应用进展等的基础上，对科普游戏的类型、优缺点等进行了分析和探讨，提出了在展览展示和科普活动中研发并合理利用科普游戏的建议。

关键词：科普游戏；互动体验；知识普及

科普游戏以其娱乐性和趣味性对公众特别是青少年具有强大的吸引力，但当前由于社会公众对网络游戏负面影响和消极作用的抵触，使得科普游戏的发展也收到一定的影响。在对当前科普游戏的技术发展和实践应用进行调查分析的基础上，对寓教于乐的科普游戏从概念、类型等方面进行探讨，理清科普游戏的研究开发价值，对于科普事业的发展具有十分重要的现实意义。

1　科普游戏概述

1.1　概念

科学普及简称科普，是一种广泛的社会现象，主要利用各种传媒以浅显的、让公众易于理解、接受和参与的方式向普通大众介绍自然科学和社会科学知识、推广科学技术的应用、倡导科学方法、传播科学思想、弘扬科学精神的活动，因此，科普本质上是一种社会教育。

科普游戏也叫科学游戏，是以电子游戏为载体进行科学普及的活动形式，是挖掘科普资源、丰富教育手段、提升科普效果的重要途径。作为电子游戏的一种，它兼具游戏的娱乐性和学习性，是让用户在游戏过程中学习科学知识的一种计算机软件，是以传播科学知识与科学技能为主要目的的游戏。

科普游戏有广义和狭义之分，狭义的科普游戏是指以科普为目的、以互联网等为数据传输介质，参与用户可以从中获得科学知识、科学思想、科学方法和科学精神的游戏。而广义的科普游戏是指具有一定科普功能，能够向参与游戏的用户传播科学知识、科学思想、科学方法和科学精神的游戏，包括那些在内容或情节设计上具有一定的科普功能，但游戏设计并非以科普为主要目的的游戏。

1.2　科普游戏的特征

1.2.1　科学性与知识性

科普游戏的本质就是传播科学知识，从这一角度来讲与普通游戏的设计开发目的大相径庭。因此，在对科普游戏的设计中首先要考虑科学知识体系的建立，在此基础上要根据游戏情节适当的植入相应的科学知识，让科普受众能够自然地在参与游戏的同时了解科学知识。一般来说科普游戏蕴含的科学知识越丰富、知识的植入设置越巧妙，科普游戏的整体性能评价也就会越高。

1.2.2　娱乐性与趣味性

科普游戏要想激发受众的兴趣和参与的欲望，必须在游戏的设计过程中设置变化多样的游戏情节，同时设置丰富的游戏场景来吸引用户参与游戏，从而增强学习的欲望。在科普游戏趣味性的指引下，用户能够更容易地进行探究式或者

---

① 基金项目：北京市公园管理中心课题"基于游戏化体验的园林科普展示交互设计研究"。

合作式地学习科学知识，而不像在传统的科普活动中出现效率低下的情况，科普游戏的趣味性和娱乐性使之能够保证受欢迎的程度，从而达到设计目的。

1.2.3 体验性与互动性

科普游戏的体验性是指科普受众在游戏所营造虚拟的故事情节中能够亲身体验到高兴、满足、失落、成功等在现实中同样存在的感受，用户能够体验到满足之感，即所谓情感体验的满足。体验性对科普游戏来说非常重要，优秀的用户体验不仅能够增加科普游戏的知识性，同时也能够增加大量的游戏用户，进而能够延长科普游戏的生命周期。科普游戏的交互性是指用户与游戏本身、游戏内虚拟角色及游戏其他用户的交互，游戏用户与游戏本身的互动保证了游戏的流畅性，游戏用户之间的交互可以营造出一种更强的学习氛围及学习动力。

1.3 科普游戏的类型

1.3.1 文字图片科普游戏

这种科普游戏主要出现于游戏开发的早期，主要的形式是文字介绍、图片展示和文字交流，优点是信息量大且速度快，但从技术上来说它最为简单。这种游戏的缺点是虽具有一定交互性，但娱乐性不是很强，导致的科普效率不是很高，所以当前科普活动中这类科普游戏已不多见。

1.3.2 视频动画科普游戏

视频作为科普游戏形式的时间相对于文字图片来说并不是很长，目前形式大致分为两类：视频教育和动画演示，其优点就是直观又具有一定的趣味性。动画演示的广泛应用源于 Flash 软件的快速发展，Flash 作为一种二维动画的开发工具，使动画的设计制作更为简单，而且生成的文件很小有利于网络传播，可以直接在浏览器中浏览，也能够通过客户端形式进行演示，具有较强的交互性。

1.3.3 二维场景科普游戏

当前二维科普游戏应用较为广泛，其最大的特点就是游戏操作比较简单，科普知识含量也非常丰富，交互性和趣味性都兼具，深受广大科普受众的喜爱。通常是 Flash 小游戏，非常容易开发，科普效果也相对较好。

1.3.4 三维场景科普游戏

三维场景科普游戏是在二维技术基础上发展起来的，通过计算机生成逼真的三维虚拟场景，模拟用户视觉、听觉、触觉等感官，用户可通过键盘、鼠标、传感器等输入设备进行控制，实时并自由接触三维场景中的虚拟对象，产生身临其境的感觉。目前采用这种形式的科普游戏种类逐渐增多，常见的是模型虚拟展示和虚拟场馆空间，优点可从虚拟现实的构想性、沉浸性和交互性等方面体现出来。

1.3.5 增强现实科普游戏

增强现实技术是一种将真实世界信息和虚拟世界信息"无缝"集成的新技术，这类科普游戏采用增强现实和虚拟现实等综合技术，具有非常强的交互性、趣味性和娱乐性，

是近年来随着增强现实技术的快速发展而出现的，可以充分利用移动终端，可以快速而广泛地达到理想的科普效果。如伦敦科技馆开发的"科学故事"应用，主持人能随时随地"现身"伦敦科技馆讲解科技知识。

2 国内外科普游戏研究与应用现状

2.1 国外科普游戏发展

科普游戏一般被归为教育游戏，而教育游戏的研究与应用起源于西方国家，由于他们相关工作起步早，技术上具有一定的优势，在科普教育游戏开发方面已获得众多研究成果和实践经验。教育游戏的研究可追溯到 20 世纪 70 年代，当时著名学者 Bowman 研究把电视游戏整合到教学设计中，接着 Dwyer、Bracey 等教育学者也围绕教育和游戏这两个领域的整合开展了相关研究，他们认为电视游戏中激发内部动机的方法应用于教学中，可达到寓教于乐的效果。随着数字多媒体技术的发展，教育游戏的内容和种类更加丰富，电视游戏逐渐演变到性能更强的计算机游戏（含手机游戏和主机游戏），可玩性也逐渐增强，进而衍生出科普游戏，在一定程度上推动了科普事业的发展。通过整合关于科普游戏研究的研究成果可以看出，西方学者对科普游戏的研究主要分为理论研究和实践研究两部分。科普游戏理论研究主要探究其教育价值，其中著名的学者为美国的 Marc Prensky，其所著的 Digital Game-Based Learning 一书论述了数字游戏式学习定义、带来的学习效果、在教育科普中的应用等内容。美国的 UniGame 及其 After School Computer Labs Project 都在致力于游戏在教育中的价值研究，并通过试验研究得出对小学生、中学生、学生的教育以及终生教育中都可以使用数字化游戏的结论。教育学者 Kristian Kiili 根据体验式学习理论、沉浸理论和游戏设计理论提出了教育理论与游戏设计整合的体验式游戏模型，在游戏设计中重要的就是给用户（科普受众）明确的目标、有效的反馈和适宜的难度，这一模型为科普游戏的应用提供了较为完善的理论依据。科普游戏的实践研究主体为众多的游戏公司及科普制作公司，开发的科普游戏种类众多。例如，法国游戏商 Cryo 公司和 Canal+ 多媒体公司联合制作的"凡尔赛：宫廷疑云"和"埃及：法老王之墓"，均为深受广大用户喜欢的科普游戏，两款游戏都让用户在潜移默化中获得了很多的历史、文化知识；麻省理工学院和微软联合开发的 Games-to-Teach，目的是构建更为优化的互动式教育模型；众多的公司参与科普游戏的开发，并且充分利用最新的图形图像技术，使得游戏的体验得到了大幅度的提升。国外对科普游戏的理论和实践研究是充分且具有前瞻性的，并且在实践应用中不断完善。韩国 NHN 集团于 2009 年 12 月在"联合国气候变化框架公约会议第 15 次缔约方会议"上发布了关于环境教育的系列游戏，并将借助世界各环境团体免费向全世界普及。此外，国外还有众多的模拟类游戏，用户可以从游戏中获得特定领域的相关知识，如

Astragon Software GmbH 制作，Wendros AB 发行的游戏"模拟驾驶 2009"（Driving Simulator 2009）中，需要玩家掌握各种真实的路况以及不触犯道路交通法规、泊车、限速、红绿灯、单行线等。玩家在潜移默化中可获得相关的交通知识。游戏 Vh-tual U 可让玩家体验当大学校长需要面对的种种问题。此外还有诸如模拟伐木工、帆船运动模拟、足球经理等，但是目前国内外尚没有大型的多人在线的科普游戏。

2.2　国内科普游戏发展情况

目前，国内尚未明确提出科普游戏的概念。2008 年首届中国科动动漫游戏大赛曾提出"科普动漫游戏"的概念，并征集"科普动漫 Flash 及游戏"作品，但并未在市场中推广获奖作品，未能产生较大的市场影响。

在国内，中国科普博览中科学游戏这一栏目下有一些普及科学技术知识的网上小游戏，此外中国数字科技馆、中国香港科学馆上也有多款在线的科普小游戏。腾讯网也在上海世博会倒计时 400 天之际推出了一款体验版的百年世博知识大富翁游戏。但是这些游戏大都是网页 Flash 游戏，这种形式的科普游戏互动性和体验性较差，不存在玩家间的交流和竞争，但吸引力也远不及网游。国内首款角色扮演类大型科普网络游戏"青少年玩世博"，是以"趣味世博"为主题的科普游戏，青少年玩家开发的集趣味性、教育性、科普性于一体的虚拟网络游戏。香港中文大学信息科技教育促进中心开发了一款名为"农场狂想曲"的网络游戏，并后续推出了"农场狂想曲 2"，旨在利用游戏形式让学生综合学习地理、经济、生物以及科技知识，培养学生解难、批判性思考以及合作能力等高阶思维技巧和自主学习终身学习的习惯。但目前这款游戏仅在香港地区部分中小学进行推广，受众规模很小，尚未进行专业的、面向全国的运营。

我国现阶段出现的科普游戏总体上是多限于科普场所，游戏形式简单，说教性较强，交互不友好，甚至部分人可能还在强调游戏给科普带来的负面效应。因此，我们当前对科普游戏的研究和推广亟待完善，且应与时俱进，并迅速发掘前沿技术在科普游戏中的应用，从而更好地推动我国科普事业全面发展。

2.3　游戏化科普存在问题
2.3.1　科普游戏总体数量较少

根据对当前我国科普游戏研究和应用基本情况的调查和分析总结，科普游戏作品数量少、影响范围小，种类也不够丰富，在科普活动中应用的也较少，由于参与创作的群体较为单一，仅是科普、教育等机构在主导科普游戏的开发，从社会公众的需求角度来看，无法满足科普活动开展的需求。

2.3.2　科普游戏整体质量不高

根据对科普游戏现状的调研，发现当前科普游戏的精品少，缺少有影响力的作品。科普游戏软件成为一种教学软件，不能为教育教学的目的而抛弃游戏的趣味性，在游戏化教育软件开发中，设计者往往忽视了游戏应该有的互动性、体验性和趣味性，导致开发出来的科普游戏得不到青少年及社会其他人士的认同，一些科普游戏就是教材的电子化，教育软件做成了电子书和电子练习册，游戏参与者在游戏中很难提高自己分析问题和解决问题的能力。

2.3.3　科普游戏传播模式简单

由于国内游戏研发企业的规模较小，受周期、投资等因素影响，企业自主研发的游戏引擎大多技术落后，而科普游戏的受众年龄主要集中在学龄前和小学阶段，在一些科普游戏中，学科内容更多地集中在外语、数学等为数不多的科目上，竞争力缺乏，其中大部分科普游戏都是简单挂在互联网上，将游戏作为奖励提供给使用者，并没有真正意义上实现教育与游戏的结合，因此游戏的传播效果不好。

2.4　存在问题的原因分析
2.4.1　科普游戏概念模糊

科普游戏属严肃游戏范畴，而在现阶段严肃游戏的概念较为模糊，推广也相对困难。尽管近年来网络游戏产业发展迅速，但科普游戏这一媒介形式并没有被全社会所认可和重视。政府在推进科普工作时虽提到要利用网络游戏这一形式，但缺少具体的鼓励政策和措施，政府资助的游戏产品里缺少对科普游戏的重视；科普机构在进行科普形式创新时，仅是在推进网络科普、科普动漫方面做出了较大努力，也并未重视科普游戏。因此可以说，政府和相关部门重视不足，造成了科普游戏的引导、管理、支持力度不够。

2.4.2　科普游戏企业融资困难

由于对科普游戏的重要性和意义认识不够，社会上对普遍科普游戏的关注度低，这就造成了科普游戏企业融资困难，调查显示，45% 的企业未考虑将科普游戏纳入游戏运营业务中。造成这种状况的原因主要在于游戏开发企业对于科普游戏的市场前景与产业发展认识不足，忽视了科普游戏巨大的市场空间，没有意识到丰富的、具有教育意义的科普游戏是开拓网游市场的新方向。融资的困难使得游戏开发企业难以开发出有吸引力的科普游戏作品。

2.4.3　科普游戏策划开发人才短缺

科普游戏要求其内容具有科学性和准确性，一般的游戏开发人员不具备相应的素质，需要有科学家、科普作家等专业人才的参与和帮助，才能完成选题策划和内容脚本创作。我国网络游戏产业在开发能力和人才储备上本身就存在不足，专业的技术人才和艺术人才培养不足，而能参与创作优秀的科普游戏作品的人才就更加缺乏，复合型科普游戏策划团队很难组织。企业即使对科普游戏有兴趣，也很难有足够的开发人才创作出优秀的科普游戏作品，科普机构在进行科普作品创作时也缺少企业内游戏专业人才的支持，导致科普游戏开发创作较为困难。

3 科普游戏及其产业发展思路

3.1 科普游戏研究开发的思路

3.1.1 进行玩家兴趣调研

科普游戏设计时要充分考虑游戏玩家的想法和兴趣，这就需要进行深入地开展相关调研。已有的调查显示，43.55%的调查者认为科普游戏更容易引起其对科普的兴趣，而游戏玩家也是科普受众，因此，从游戏玩家角度出发考虑科普游戏开发是必须开发前首要做的事情。科普游戏设计时从科普游戏的设计理念入手，对科普游戏的质量进行不断优化，能够真正满足玩家的学习和娱乐需求，从而达到相应的科普传播效果。

3.1.2 构建游戏化学习环境

科普游戏集教育性与游戏性为一体，游戏情节设计的好坏将直接影响展示环境中的教育效果，因此设计时应做到现实场景与虚拟情节融合的恰到好处，使游戏能够适合现代展示环境。科普游戏的设计要传达出科学知识，还要与游戏情节相吻合，这样才能使游戏过程中的知识建构得以自然发生。科普游戏设计应把游戏情节、展品、文字、图形、影像、声音、灯光、动画等因素有机融合，为科普知识建构创造良好的环境，其科普效果将传统知识传播方式所无法比拟的。

3.1.3 进行人机交互设计研究

科普游戏研究开发的目的是让参与者在游戏过程中完成对科普展示内容的知识建构。因此，在游戏参与过程中能否为参与者提供及时有效的、个性化的帮助和反馈信息，是决定基于游戏化学习的科普展示设计能否成功的重要基础，这样才能更好地体现科普游戏的互动性和参与性，达到更好地科普效果。

3.2 促进科普游戏产业发展的措施

3.2.1 完善政策法规标准

从国家层面制定科普游戏中长期发展规划，确立科普游戏产业发展方向与目标；完善网络游戏相关法律法规，规范市场秩序，保护知识产权，严厉打击盗版、侵权等问题。加强内容监管力度，防止假借科普的名义搭载不健康的内容和信息；加强科普游戏行业协会建设，并由其牵头制定网络游戏分级标准与使用规范，确立科普游戏在游戏分级中的位置；制定科普游戏评审机制，对科普游戏的内容和形式等进行严格评审。

3.2.2 保证研发资金投入

加大政策扶持力度，在现有的文化创意、网络游戏作品扶持、资助、奖励项目中加大科普游戏作品的比例，并从资金投入方面重点加强；通过设立科普游戏发展项目或基金等，支持科普游戏产业的发展；落实对科普游戏企业及产品的经费补助、减免税费、低息贷款、担保融资等各方面的优惠政策，拓展科普游戏开发企业的融资渠道。

3.2.3 培养优秀综合人才

对科普游戏研发单位来说，要对科普游戏的市场前景与产业发展方向进行充分调研，了解社会公众对科普游戏的需求，借鉴严肃游戏、教育游戏等的成功经验，探索科普游戏的研究开发规律，在此基础上制定切实可行的科普游戏市场开发策略，培养既懂游戏开发，又具有一定科普素养的优秀综合型人才，创造机会加强多方面交流沟通，组织游戏创意人员、策划人员与科普工作者、科学家、科普作家等进行研讨，在交流中产生创意策划方案；吸纳游戏专业、科学传播专业优秀人才参与到科普游戏策划工作中，在实践中锻炼和培养人才。

3.2.4 开展专项科学研究

科学研究是科普游戏发展的内在促进因素，在科普游戏的开发中起着重要作用。鼓励相关机构开展科普游戏产业基础理论和重大现实问题的研究，探索科普游戏作品创作、开发、推广、营销的规律；组织举办高规格的科普游戏原创大赛，促进精品科普游戏的研究与开发；在现有文化创意产业基地中可以按照一定标准建立科普游戏专项基地，搭建具有普适性的科普游戏技术开发平台，建设科普游戏资源库，贡献科普教育资源。

3.2.5 借鉴网游运营模式

网游的趣味性和娱乐性更强，同时也更加符合当代青少年的媒介接触习惯。网游的最大特点在于其互动性、参与性，用户可通过互联网实现游戏中的交流与合作，并在这一过程中获得尊重及自我实现，能进行独立思考、探索和团队合作。当前网游的运营模式比较成熟，能够达到快速传播的效果，因此在科普游戏产业发展中，这些成功的运营模式和商业模式可以借鉴，为科普形式的创新新指明新的方向，如科普游戏可与微博相结合，也可与手机社交游戏相结合，以达到游戏中的互动、游戏外的分享，使更多人了解科普。

4 结语

寓教于乐的科普游戏以其内容的科学性和知识性成为既满足社会公众的娱乐需求又满足教育需求的重要途径。科普教育类游戏把科普游戏与教学两者很好地结合起来，能够激发使用者的参与学习的动机，使其发挥一加一大于二的效果，具有非常重要的现实意义。国内外科普工作者对科普游戏的理论研究和应用都进行了较为深入的实践探索，科普游戏的类型不断丰富，随着虚拟现实技术和增强现实技术的不断发展，科普游戏设计开发中不断融合、渗透高新技术，科普游戏水平的体验性和互动性不断提升，涌现出一批优秀的科普游戏作品，这为今后科普游戏的发展奠定了重要的基础。但当前在科普游戏开发中出现的科普游戏低水平重复开发、数量少等问题，需要加强对科普游戏的认识，随着科普游戏开发研究逐步深入，以及社会资金投入的不断增加，科普游戏将更好地服务科普事业。

参考文献

[1] 吕利利，恽如伟，褚凌云.游戏化学习在科教馆中的应用研究——一以中国科教馆中"人体保卫战骨为例 [D].南京师范大学娱乐研究中心，2011.

[2] 张桂力.游戏化消防教育软件的设计开发及其应用研究 [D].四川师范大学，2008.

[3] 武鹏.从身体体验视角探究增强现实科普游戏的现状及对策 [D].

[4] 周荣庭，方可人.关于科普游戏的思考——探寻科学普及与电子游戏的融合 [J].科普研究，2003 (12): 60-66.

[5] 广毅.教育与游戏的结合之路 [J].中国远程教育，2004: 61-63.

[6] 郑博研，费广正，贺璐，等.科普网络游戏发展前景分析与相关建议 [D].中国传媒大学.

[7] 刘玉花，费广正，姜柯.科普网游及其产业发展研究 [J].科普研究，2011, 6 (35): 34-38.

[8] 冯小霞.鱼和熊掌如何兼得——游戏教学在特教数学中的应用 [J].2013 (59): 70.

[9] 潘津，孙志敏.美国互联网科普案例研究及对我国的启示 [J].科普研究，2014, 2 (9): 46-53.

[10] 王志光.现代科技馆展示交互设计的相关策略——以基于游戏化学习理念的东莞科技馆为例 [J].硅谷，2014, 10 (154): 179-180.

[11] 温雅，赵子云.虚拟现实技术在教育类游戏中的应用 [J].多媒体技术及其应用，2014 (19): 5334-5336.

The Study on Science Game and its Practical Application

Lv Jie　Zhang Bao-xin　Qian Jun　Liu Fang

Abstract: Science game is different from other ordinary game, which makes game players in the processes to enjoy the fun of playing games and the popularity of scientific knowledge, so as to achieve the effect of entertaining. This article introduces the basic situation of popular science games in China and abroad. Through the analysis of existing problems, some suggestions for the development were given.

Key words: science game; interactive experience; knowladge popularization

作者简介

吕洁 / 1987年生 / 女 / 内蒙古人 / 助理馆员 / 硕士 / 毕业于内蒙古师范大学 / 现就职于中国园林博物馆北京筹备办公室 / 研究方向为科普教育

张宝鑫 / 1976年生 / 男 / 山东青岛人 / 高级工程师 / 硕士 / 毕业于北京林业大学 / 现就职于中国园林博物馆北京筹备办公室 / 研究方向为园林历史、艺术和文化，科普

钱军 / 1969年生 / 男 / 北京人 / 经济师 / 本科 / 毕业于北京林业大学 / 现就职于中国园林博物馆北京筹备办公室 / 研究方向为园林文化，科普

刘芳 / 1986年生 / 女 / 北京人 / 助理经济师 / 本科 / 毕业于北京石油管理学院 / 现就职于中国园林博物馆北京筹备办公室 / 研究方向为园林文化，科普

浅论近代博物馆与中国国民智识之形成

张满　杨庭

摘　要：博物馆在当今社会的公共教育职能中扮演着越来越重要的角色，从博物馆兴起之初，这一公益性机构便在国民性的形塑过程中默默承担了传播智识的关键一环，而这一延续至今的重要历程在众多有关博物馆的论述中并未给予足够的重视，本文意在粗略梳理博物馆在中国国民智识形成中的作用，以及在今天中国社会面临转型期的大背景下，博物馆作为文化机构，在发挥其公共教育职能时所面临的问题与困境。

关键词：博物馆；智识；教育职能

自民国至今，博物馆历经了两次世界大战的硝烟与战火，从最初的方兴未艾，到后来的遍地春笋，它逐渐成为文化的地标，伴随着国人启蒙的路途，即便是在最困难的时期，也未曾完全消解于颠沛之中。从中国第一家博物馆成立至今已有一百余年的历史，这期间，博物馆的规模与形式虽然不断变化，但其始终作为一个公益机构的角色启迪民智、传播知识。而面对这一塑造国民性的重要因素，博物馆学界并未对此进行较为系统的历史还原与当下的呈现，本文即意在梳理博物馆在发挥其教育职能的过程中形塑国民智识的脉络，希望能够为当今博物馆更好的定位及发挥自身职能提供历史经验的借鉴与反思。

1　方兴未艾，民初博物馆

民国初期至今，博物馆由参与引导大众智识，引领社会科学风潮，到逐渐以更加多元有效的方式进入人们的生活，这一百年间，是中国的民智由相对封闭的天下系统，走向日渐开放的世界系统的转型阶段，这期间由内力与外力所共同裹挟的巨大变革思潮席卷神州，这一百年间的国人也无一例外都成为历史的重要推动者。

然而，博物馆的教育职能并非博物馆与生俱来的内在本质属性，从亚历山大博物馆时期，皇室的私人珍藏就是博物馆藏品的主要来源。当大英博物馆的大门缓缓敞开，作为世界上第一座首度向公众开放的博物馆，其高高在上的精英姿态也从未试图加以遮掩。其时，博物馆作为向民众传播教化的场所，步入其中的参观者并未获得平等的话语地位，他们所能做的多半是走过长长的展线，接受纷繁冗杂的展品背后策展人所希望表达的主题。

1905 年，爱国实业家、教育家张謇创办的南通博物苑作为中国首个公共博物馆，与那个时期众多新生事物一样，伴随着民主与科学的浪潮走进了国人的视野，虽设有自然、美术、历史、文化四个部分，但从其办馆理念"设为庠序学校以教，多识鸟兽草木之名"不难看出其重心还是放在对自然的认知上。由于达尔文进化论的问世，这种渴望了解人类自身由来的风潮日盛[1]。这一时期的博物馆，如果对应今天的博物馆类型，则大体相当于自然科学博物馆。民国初期，正是本着"开民智"的初衷与愿望，国立历史博物馆、古物陈列所、故宫博物院先后成立。"到了 20 世纪 30 年代，现代考古学在中国诞生后不久，旧中国迎来了博物馆发展的一个高潮，1936 年全国博物馆已达 77 个。[2]"

中国并非从 1905 年开始才有博物馆，早在 1868 年，法国传教士韩伯禄在上海徐家汇教堂附近开办了现代中国第一座博物馆，其性质也属自然博物馆。这一阶段先后建立的数座博物馆大多是传教士为传教目的而设，但是这一时期的博物馆已经具备了一定免费开放的管理思想，在这种形式下，其所带来的社会影响是显而易见的，下层的民众没有过多闲钱去参观博物馆，则博物馆的免费开放对于这一部分受众来讲尤为意义重大。

博物馆的公共性决定了博物馆和包括藏品在内的财产属于全体公众，但是作为公共信托，由相关政府部门和博物馆机构来代为维护和管理[3]。博物馆是一个基于藏品存在的机构，对于博物馆生存的现实而言，要对藏品定期进行专业的维护、维持博物馆的基本运营、修缮等等，这些日常的费用是巨大的。虽然博物馆的教育职能不是像今日作以本质化讨论时所定位的面向，但博物馆的教育职能无疑决定了其有着外乎其基本生存的责任，无论是最初拓荒性质的私人创办者，还是日后国家层面的公立机构，公益性是其在工作中所应持有的原则。回顾历史，抗战时期西部地区的博物馆仍尽力秉持着以公共教育为目的的建馆初衷，一周六天免费开放，志在"开民智悦民心"，"启发社会教育"。

不难看到，处于民国初期发展阶段的博物馆在开启民智的道路上，基本保持着与国际风潮一致的步调，数量上开始起步，内容上也侧重于自然科学知识的传播与普及。

2 引领风潮，济南广智院

1905 年岁末，位于济南的广智院成立，博物馆的名字便取"广其智识"之意。中国的复兴之路如果说是伴随着新文化运动对民主与科学的呼声而起，那么博物馆的实践，对于社会公共职能的实现，可谓是一面伴生的镜子，映射出社会众多公益职能增进与消退的缩影。

1905 年 1 月，南通博物苑成立，同年，济南广智院落成开放，那时的博物馆也常常成为文人学者笔下的对象，以最为贴近百姓生活的概念完全融入了市民的日常生活。老舍笔下的广智院是这样的，"乡下人赶集，必附带着逛逛广智院。逛字似乎下得不妥，可是在事实上确是这么回事。山水沟的'集'是每六天一次。山水沟就在广智院的东边，相隔只有几十丈远，所以有集的日子，广智院特别人多。[4]"，我们可以看到在当时人们的心中这个博物馆不是有着学历的门槛，让人望而生畏的学术机构形象，也不是一个森严肃穆的文物保藏的场所，而是一个在赶集之余可以顺便逛逛的所在。据 1917 年怀恩光的报告记载："到广智院参观者共有 231117 人，其中有教育界的约 50000 人，妇女 21310 人，图书馆和阅览室的读者共约 27000 人"[5] 翌年人数又增。老舍又写到，"就它的博物院一部分的性质上说，它也是不纯粹的：不是历史博物院、自然博物院或某个博物院，而是历史、地理、生物、建筑、卫生等等混合起来的一种启迪民智的通俗博物院。"这里老舍看到了广智院最初命名时的理念，便是启迪民智。

博物馆于上世纪初期在欧洲首先兴起，其目的之一在于教化民众规范其行为举止，以符合其强国的世界地位。诞生之初由特定历史背景的需求产生的这种精英化的教化姿态，时至今日仍然渗透在各类博物馆中。新博物馆在传统的基础上进行反思，势必经历着变革的阵痛。殖民地国家的独立浪潮所唤醒的民族意识使其在文化上也要求自主，博物馆作为西方文化的舶来品也处在改革的行列中。西方模式长久以来被当作一种标准，新兴的民族国家开始思考属于本民族的非西方博物馆模式来对这一标准进行纠正。这种要求背后，不仅仅是作为一个主权国家的发声，同时也代表着在国家主权下，原先被忽视的民族群体对自身集体记忆的诉求。这种精英主义的教育路线不应该是当今博物馆的主要形式，类似广智院这一类面向大众的常民博物馆当是博物馆未来的应有之义。

如果老舍的记载更容易让人有文学渲染的联想，那么 1922 年，胡适作为当时引领着社会改革风潮的留洋学者，他在参观广智院后在其日记中写道："此院在山东社会里已成了一个重要教育机关。每日来游的人，男男女女，有长衣的乡绅，有短衣或着半臂的贫民。本年此地赛会期内，来游的人每日超过七千之数。今天我们看门口入门机上所记的人数，自四月二十六日起，至今天（七月七日）共七十日，计来游的有七万九千八百十七人。"

最初广智院是免费开放的，当观者日众，便开始加收一定的门票，但票价并不算贵。在一份济南市档案局提供的资料中记载，"除每礼拜一休息外，其他各日均行开放，礼拜日前往观逛者尤多。""平均每日售票在 200 张以上，又基督教青年会时有各种展览会之举办，多售价值不等之入场券。"这些举措，无疑都是基于其公益的性质而来，为的是让更多的人更为广泛地走进广智院，参与到新智识的传播与获得中[6]。而胡适的记录，无论是从其数字，还是对前来参观者的描述中不难看出，低廉的入场券的价格，获得了预期的成效，各个阶层的民众都得以从中受益。

3 遍地开花，转型与变革

中国目前的博物馆在形塑国民智识上还存在着一定的问题，主要体现在以下两个方面。

第一，博物馆数量逐年上升，但总体数量仍然偏低。中国自 1905 年第一家博物馆南通博物苑建立以来，截至 2015 年，全国博物馆总数已达 4692 家，博物馆在国民日常生活中扮演的角色越来越重要。但即便如此，根据 2011 年年底"美国博物馆与图书馆服务协会"的统计数字显示，美国平均每 1.7 万人就拥有一座博物馆，我国约 38 万人才有一个博物馆，与美国的人均拥有量相差 22 倍之多。

第二，类型单一，总体不均衡。目前我国博物馆类型还不均衡，占绝大多数的还是综合类历史博物馆和纪念馆，相对而言，自然科技、艺术民俗等包括行业博物馆在内则占比较少。随着中国社会经济的发展，自然生态、环境资源等问题成为人们关注的焦点，而这些伴随着发展产生的问题，其解决更是有待全民科学素质的提升。人们在渴求人文知识的同时，也渴望着对新技术的走近，而目前很多博物馆其展陈经年不变，内容陈旧，不能很好地适应时代变化的要求。

第三，传统博物馆形式普遍较为陈旧，理论不完善造成了从藏品搜集到展示等一系列流程的模式化，理论创新与突破是变革的首要任务。目前互联网＋模式的提出，也为博物馆的转型提供了新的机遇。2015 年的美国博物馆发展呈现出了六个方面的趋势[7]，每一种趋势都会给博物馆带来导向性的影响：其中第一个明显的方向就是"开放经济下的数据公开"。在这种形式下，博物馆应不断进行反思，及时调整应对策略，为观众提供互联网时代的多元化体验服务，用新科技手段重新诠释博物馆与观众之间的交互关系，充分利用新媒体的优势与潜能，更好地实现博物馆的公益职能。

针对博物馆上述现状，应该首先从理论上建立相应的制度，保护不同类型博物馆的发展，甚至可以针对现状对目前所缺乏的类型博物馆有所倾斜。像工业遗址博物馆、生态博物馆、大遗址博物馆等，都是随着社会的发展变迁而逐渐走入博物馆人的视野。这里还涉及私人博物馆的发展，也应该受到相应的保护，目前我国民办博物馆没有成型的管理办法，一方面导致乱象丛生，不利于文物展览与保藏，另一方面其运营过程先天受到诸多限制但同时得不到保护，势必也不利于民间博物馆的壮大与发展。

经过了 20 世纪 70 年代到 80 年代的长期酝酿，以 1984 年的《魁北克宣言》为标志，新博物馆学终于迎来了它的成人礼。新博物馆学这一概念一经提出，便引发了博物馆研究的一系列变革。不仅对于博物馆的职能进行了新的阐释，更是使得博物馆对自身定位有了不同以往的理解。新博物馆学所提出的以人为本的工作重心与目标，以及对于博物馆所处社区环境、生态环境的关注，过去的经验所能提供的借鉴十分有限，这促使博物馆人不断进行新的理论探索，开始了在实践过程中进行自我认知的再检验。

基于新博物馆学理念下的博物馆建设不仅强调最大程度的实现其教育功能，同时还提倡将博物馆置于其所处的社区内进行思考，强调生态博物馆的概念，这一理论兴起于 20 世纪 70 年代，强调将人类生存的自然环境和人文遗产经过规划和博物馆化处理，综合进行保护、展示、利用，用以重建地方人地关系并促进地方可持续发展的特定机构，而这也成为国际新博物馆学运动的重要组成部分。其应用于保藏展示文物则是将一个个孤立的物，还原到其背景环境中去，将文物的背景同时进行展演。

在博物馆发展的进程中，逐渐在理论上形成新博物馆学作为对传统博物馆学的补充与益进，无论是社会历史发展的宏大背景，还是具体而微的博物馆范式的转变，传统博物馆都呼唤着一种在原有博物馆学基础上亟待补充进来的新理论，实现对现有资源的整合，改变传统博物馆学理论下陈陈相因的现状。

博物馆自成立之日起，便在开启民智上被寄予厚望，应该说博物馆在近代以来的一百年间，也确实义无反顾地在社会变革的浪潮中肩负起传播智识、提高国民素质的责任。目前的博物馆在前进的道路上还有诸多问题，但通过反思过去成功的先例，吸取经验教训加以借鉴，博物馆在更好地服务于社会教育的角色上势必更加成熟。

参考文献

[1] 苏东海.博物馆的沉思 [M].北京：文物出版社，2008.
[2] 刘冠军.关于基层博物馆发展文化产业 [J].中国博物馆，2008（4）.
[3] 曹兵武.记忆现场与文化殿堂 [M].北京：学苑出版社，1999（4）.
[4] 刘朴.谈县级博物馆的辐射作用 [J].文物春秋，1992（2）.
[5] 吕建昌.博物馆与当代社会若干问题研究 [M].上海：上海辞书出版社，2005.
[6] 苏东海.加强县级博物馆的发展研究 [J].中国博物馆，1993（4）.
[7] 宋新潮.关于智慧博物馆体系建设的思考 [J].中国博物馆，2015（2）.

Preliminary Study of Chinese Modern Museums and National Intellectual Shaping

Zhang Man   Yang Ting

Abstract: Museum plays more and more important role in public education function. From the beginning of the museum, the nonprofit organization spread the intellectual to shape the national character, but this role was not paid enough attention. This article is intended to study intellectual formation in today's Chinese society. Now the society is facing a transition problems and difficulties, and the museum as a cultural institution shall play the role of public education function.

Key words: museum; intellectual; educational function

作者简介

张满 / 1988年生 / 辽宁沈阳人 / 现就职于中国园林博物馆园林艺术研究中心，助理馆员 / 研究方向为园林历史、文化，博物馆理论
杨庭/女 / 1984年生 / 助理工程师 / 就职于中国园林博物馆北京筹备办公室 / 研究方向为园林、展览展示

综合资讯

中国园林博物馆举办系列活动庆祝建馆三周年

2016 年 5 月 18 日，国家级非物质文化遗产南通蓝印花布艺术展及永乐宫元代壁画临摹作品展在中国园林博物馆展览开幕。北京市公园管理中心主任张勇及中国园林博物馆党委书记阚跃与北京市学习科学学会副理事长兼秘书长李荐为北京市学习科学学会"校长学习基地"、"首都市民学习品牌——友善用脑实践基地"揭牌。中国园林博物馆馆长李炜民与燕京理工学院艺术学院院长王路刚进行战略合作签约，与内蒙古农业大学副校长乔彪签订战略合作框架协议。此外，还开展了园林文化大讲堂活动，特邀苏州大学曹林娣教授主讲"中国园林的诗性品题"，邀请北京市香山公园副园长、北京历史名园协会副秘书长袁长平主讲"天人合璧之奇葩——品读香山永安寺的造园艺术"。

国家文物局"ICCROM 世界遗产监测管理培训班"在中国园林博物馆圆满落幕

2016 年 7 月 1 日，ICCROM 保护与项目部主管加米尼·维杰苏里亚（Gamini Wijesuriya）、国家文物局副局长刘曙光、中国文化遗产研究院院长、中国园林博物馆馆长李炜民及党委书记阚跃以及来自 9 个不同国家的学员参加了结业仪式。李炜民馆长介绍了中国园林博物馆的筹建过程及馆藏精品等相关情况，并陪同外宾参观了中国园林博物馆的主要展厅。

中国园林博物馆接待韩国国立文化财研究所一行参观交流

2016 年 7 月 17 日，韩国文化财厅、韩国国立文化财研究所、韩国传统造景学会、瑞林景观研究所等单位组成的韩国园林代表团一行 38 人对中国园林博物馆进行交流访问，韩国一行向我馆提供了韩国历史名园的文字介绍、图片和影像资料，就世界名园博览厅如何丰富完善韩国园林部分进行了建设性的交流，并就今后合作办展和学术交流交换了意见。

北京林业大学教授孙筱祥教授应邀到中国园林博物馆参观指导

2016 年 9 月 28 日，北京林业大学教授、国际风景园林学会（IFLA）个人理事、原中国风景园林学会副理事长孙筱祥教授应邀到中国园林博物馆参观指导，李炜民馆长陪同参观并重点对馆藏特色做随行介绍。孙筱祥教授对中国园林博物馆特色展陈体系和展园造景给予点评，高度称赞中国园林博物馆展现出了园林的生命力，并欣然题词。

"和谐自然 妙墨丹青——徐悲鸿纪念馆藏齐白石精品画展"在中国园林博物馆举办

2016 年 10 月 15 日，由中国园林博物馆、徐悲鸿纪念馆、北京画院美术馆主办的此次展览开幕，展出了齐白石老人的 46 件套艺术珍品，包含花、鸟、虫、鱼、虾、蟹等题材，生动地展现了一代艺术巨匠独特的大写意国画风格。这些作品大部分为齐白石 88 岁时的巅峰之作，其中有《荷花翠鸟》《棕树小鸡》等，也有他与张大千合绘的《荷虾》，充满了自然生态的气息。徐庆平、谢小铨、吴洪亮等嘉宾还参加了"知己有恩傲丹青——徐悲鸿纪念馆藏齐白石精品画展"研讨会。

中国园林博物馆文化交流之花盛开海外

2016 年 10 月 10 日，中国园林博物馆与法国肖蒙城堡签约仪式在法国卢瓦尔河谷的肖蒙城堡内隆重举行。中国驻法国大使馆公参李

少平、北京市公园管理中心党委副书记杨月等出席签约仪式，中国园林博物馆党委书记阚跃表示此次战略合作协议的签署对双方开展文化交流具有里程碑式的意义，将在遗产保护、文化研究、开放管理、展览展示等领域开展形式多样的交流活动，传播人类文明成果，让人们分享不同国度的优秀文化资源。阚跃书记还出席了第二届"名园与古堡论坛"，以"小中见大——中国园林博物馆中再现历史名园"为题进行主旨发言。

中国公园协会公园文化与园林艺术专业委员会"园林艺术与公园文化的创新与传播"研讨会在中国园林博物馆召开

2016 年 10 月 20 日，由公园文化与园林艺术专业委员会和公园管理委员会共同承办，以"园林艺术与公园文化的创新与传播"为研讨会主题，邀请了 16 家历史名园的 20 余位代表交流相关经验和创新理念，就如何发挥历史名园与当代公园在研究保护、教育传播、传承发展的积极作用，以及园林文化与艺术体现出的价值等方面进行了座谈。

韩国文化财厅国立文化财研究所来中国园林博物馆进行交流访问

2016 年 11 月 12 日，韩国文化财厅国立文化财研究所与中国园林博物馆就韩国园林的历史、韩国传统园林的保护以及中国园林对韩国园林的影响等问题进行了座谈，并就合作举办韩国园林展以及开展中韩园林文化交流研讨交换了看法。李元浩博士代表韩国国立文化财研究所向中国园林博物馆赠送了该研究所编写的《韩国名胜》一书以及存有韩国 22 座园林 1200 张图片的《韩国传统园林》资料盘。李炜民馆长也向韩国一行赠送了中国园林博物馆最近出版的图书资料。

"心怀中国梦 同寄园林情——中国园林博物馆系列捐赠品展"开幕

2016 年 11 月 18 日，为庆祝中国园林博物馆开放运行三周年，"心怀中国梦 同寄园林情——中国园林博物馆系列捐赠品展"开幕，本次展览精选出 271 家捐赠单位和个人的 500 余件套作品，还接受了来自园林专家及社会各界文化人士捐赠的研究资料、书籍、书画等珍贵展品。中国园林博物馆自 2010 年筹建至今，共接受社会各界捐赠藏品和资料 7000 余件套，形成了特有的园林特色馆藏系列。开幕式还邀请郭黛姮、曹南燕、耿刘同、傅以新等专家参加座谈会，对中国园林博物馆开放运行三年来的工作进行了回顾、总结和展望。

中国"二十四节气"申遗成功

"二十四节气"指导着传统农业生产和日常生活，是中国传统历法体系及其相关实践活动的重要组成部分。联合国教科文组织保护非物质文化遗产政府间委员会第十一届常会在埃塞俄比亚首都亚的斯亚贝巴联合国非洲经济委员会会议中心召开。2016 年 11 月 28 日至 12 月 2 日，经过评审后正式通过决议，将中国申报的"二十四节气——中国人通过观察太阳周年运动而形成的时间知识体系及其实践"列入联合国教科文组织人类非物质文化遗产代表作名录，至此中国已经有 39 项人类非物质文化遗产，居于世界第一。

2016 年 12 月 6 日，国家文物局发布"互联网 + 中华文明"三年行动计划

国家文物局官方网站发布了由国家文物局、国家发展和改革委员会、科学技术部、工业和信息化部、财政部共同编制的《"互联网 + 中华文明"三年行动计划》，提出"互联网 + 中华文明"三年发展目标和主要任务。该《计划》主要为贯彻落实国务院《关于进一步加强

文物工作的指导意见》和《关于积极推进"互联网＋"行动的指导意见》，把互联网的创新成果与中华传统文化的传承、创新与发展深度融合，深入挖掘和拓展文物蕴含的历史、艺术、科学价值和时代精神，彰显中华文明的独特魅力，丰富文化供给，促进文化消费。

习近平总书记对文物工作作出重要指示

2016 年 4 月在京召开的全国文物工作会议上，习近平同志指出，文物承载灿烂文明，传承历史文化，维系民族精神，是老祖宗留给我们的宝贵遗产，是加强社会主义精神文明建设的深厚滋养。保护文物功在当代、利在千秋。要清醒看到，我国是世界文物大国，又处在城镇化快速发展的历史进程中，文物保护工作依然任重道远。各级党委和政府要增强对历史文物的敬畏之心，树立保护文物也是政绩的科学理念，统筹好文物保护与经济社会发展，全面贯彻"保护为主、抢救第一、合理利用、加强管理"的工作方针，切实加大文物保护力度，推进文物合理适度利用，使文物保护成果更多惠及人民群众。各级文物部门要不辱使命，守土尽责，提高素质能力和依法管理水平，广泛动员社会力量参与，努力走出一条符合国情的文物保护利用之路，为实现"两个一百年"奋斗目标、实现中华民族伟大复兴的中国梦作出更大贡献。

国务院正式下发《"十三五"生态环境保护规划》

国务院印发《"十三五"生态环境保护规划》，到 2020 年，城市人均公园绿地面积达到 14.6m²，城市建成区绿地率达到 38.9%。《规划》要求，加强风景名胜区和世界遗产保护与管理。开展风景名胜区资源普查，稳步做好世界自然遗产、自然与文化双遗产培育与申报。强化风景名胜区和世界遗产的管理，实施遥感动态监测，严格控制利用方式和强度。加大保护投入，加强风景名胜区保护利用设施建设。大力提高建成区绿化覆盖率，加快老旧公园改造，提升公园绿地服务功能。推行生态绿化方式，广植当地树种，乔灌草合理搭配、自然生长。加强古树名木保护，严禁移植天然大树进城。发展森林城市、园林城市、森林小镇。

2016 年中国考古新发现揭晓

"中国社会科学院考古学论坛·2016 年中国考古新发现"揭晓。入选"2016 年中国考古新发现"的分别是：贵州贵安新区牛坡洞遗址、辽宁朝阳市半拉山红山文化墓地、湖北天门市石家河新石器时代遗址、陕西神木县石峁遗址皇城台遗迹、新疆尼勒克县吉仁台沟口青铜时代聚落遗址和河南洛阳市西朱村曹魏大墓。

图书在版编目（CIP）数据

中国园林博物馆学刊 02／中国园林博物馆主编．
北京：中国建筑工业出版社，2017.3
ISBN 978-7-112-20500-4

Ⅰ．①中… Ⅱ．①中… Ⅲ．①园林艺术－博物馆事
业－中国－文集 Ⅳ．① TU986.1-53

中国版本图书馆 CIP 数据核字 (2017) 第 040684 号

责任编辑：杜　洁　兰丽婷
责任校对：王宇枢　焦　乐

中国园林博物馆学刊 02

中国园林博物馆　主编

＊

中国建筑工业出版社出版、发行（北京海淀三里河路9号）
各地新华书店、建筑书店经销
北京雅昌艺术印刷有限公司
＊
开本：880×1230 毫米　1/16　印张：7　字数：277 千字
2017 年 3 月第一版　　2017 年 3 月第一次印刷
定价：48.00 元
ISBN 978-7-112-20500-4
　　　　　(29990)